Green Energy Engineering

그린에너지 공학

서충길 저

문운당

머리말

눈부신 과학기술의 발달로 인하여 인류는 보다 편리한 삶을 영위하게 되었고, 지금 이 순간에도 인간의 삶의 질 향상을 위해 노력하고 있다. 과학기술과 인간 삶의 편리성이라는 관계망 내에서 이제는 당위적으로 자리를 차지하고 있는 필수 품목이 바로 자동차이다. 그런데 '이기(利器)'로만 인식되어져 왔던 자동차는 화석연료를 사용하는 내연기관에서 배출되는 유해 물질로 인하여 지구온난화가 가속화되고, 대기 질이 저하되는 그 문제점이 대두되었고 이에 따라 배출가스 규제 역시 엄격해지고 있는 실정이다.

전 세계적인 탄소 중립 기술정책이 추진 중이며, 이는 탄소를 배출하는 만큼 탄소를 포집하고 흡수하거나 제거하여 순 배출량을 0으로 만드는 정책이다. 친환경 자동차는 기존 내연기관 자동차와는 달리 화석연료를 사용하지 않거나 적게 사용하여 온실가스 및 대기오염 물질의 배출을 감소시키는 자동차이다.

이 교재에서 1장은 현재 우리나라는 내연기관의 비중이 높은 시점에서 내연기관 자동차에서 발생되는 유해가스의 생성 메커니즘과 이를 저감시키는 후처리촉매 시스템 및 청정에너지인 수소를 활용한 H2-SCR의 전문 지식을 설명하였다. 2장부터 5장까지는 이산화탄소 배출이 없거나 적은 친환경 자동차인 전기자동차, 수소연료전지 전기차, 하이브리드 자동차 및 태양광에너지 자동차의 기본 특성, 작동 원리를 자세하게 설명하고 있고, 현재 상용화되고 있거나 향후 전망이 좋은 신기술 및 향후 전망을 소개하였다.

삽화와 사진을 삽입하여 독자들의 이해도를 향상시키기 위해 최선의 노력을 다했지만 물질소재의 물리·화학적 특성, 화학 반응 및 자동차기계시스템의 운동 역학 등에 관한 설명이 미비하리라 판단합니다. 향후 좀 더 부족한 내용을 보완 및 수정 작업을 통하여 완성도를 높이고자 노력하겠습니다. 모처럼 이 교재가 한 학기 동안 학부생들의 교재로 사용되면서 친환경 자동차의 전문 지식과 현장 실무에도 활용이 가능한 교재가 되었으면 합니다. 편집을 포함하여 이 교재가 출판되기까지 수고해 주신 문운당 관계자 여러분들께 진심으로 감사의 마음 전합니다.

2025년 11월

서 충 길

차 례

1장 연소 및 배기후처리공학

2장 전기자동차(EV) 공학

3장 수소연료전지 전기자동차(FCEV) 공학

4장 하이브리드 자동차공학

5장 태양광에너지 자동차

연소 및 배기후처리공학

CHAPTER 01

학습목표

- 에너지와 화학 반응속도에 대한 이해
- 촉매의 역할과 제조방법에 대한 이해
- 연료특성과 유해가스 생성에 대한 이해
- 유해가스 저감 촉매시스템에 대한 이해

1.1 에너지와 화학반응

[1] 에너지(Energy)

에너지란 일을 할 수 있는 능력, 변화를 일으키는 능력을 말한다.

(1) 총에너지와 엑서지

거시적인 에너지는 계(system)의 운동과 관계가 있으나 중력, 자기, 전기 및 표면장력과 같은 외부 효과의 영향과 관계가 된다. 운동에너지(KE)는 움직이는 물체가 가진 에너지($\frac{1}{2}mv^2$)를 말하며, 위치에너지(PE)는 기준면에 대하여 높이(h)를 가진 물체가 갖고 있는 에너지(mgh)를 말한다. 중력에너지는 질량을 가지는 물체 사이에 작용하는 중력에 의해서 물체가 가지게 되는 위치에너지이며, 자기에너지(magnetic energy)는 자기장에 저장된 에너지를 말한다. 또한 전기에너지(electric energy)는 전자 이동을 통해 일(work)을 하거나 다른 에너지를 발생시킬 수 있는 에너지이며, 표면장력 에너지는(surface tension energy) 물질 간 표면장력에서 발생되는 에너지를 말한다.

미시적인 에너지는 계의 분자 구조 및 분자의 운동 정도와 관련된 내부에너지(internal energy)라고 정의 할 수 있다. 내부에너지도 물리와 화학적인 에너지로 구분할 수 있다. 물리적인 에너지(physical energy)는 잠열(latent energy)와 현혈(sensible energy)로 구분할 수 있다. 잠열은 어떤 물질이 온도변화 없이 상태변화만 일으키는 데 필요한 열량을 말하며, 현열은 물체의 온도가 가열, 냉각에 따라 변화하는 데 필요한 열량을 말한다. 화학적인 에너지(chemical energy)는 화학결합과 분자결합을 포함하는 에너지를 말하며, 핵에너지(nuclear energy)는 그림 1-1과 같이 핵분열(fission)과 핵융합(fusion) 에너지로 구분된다.

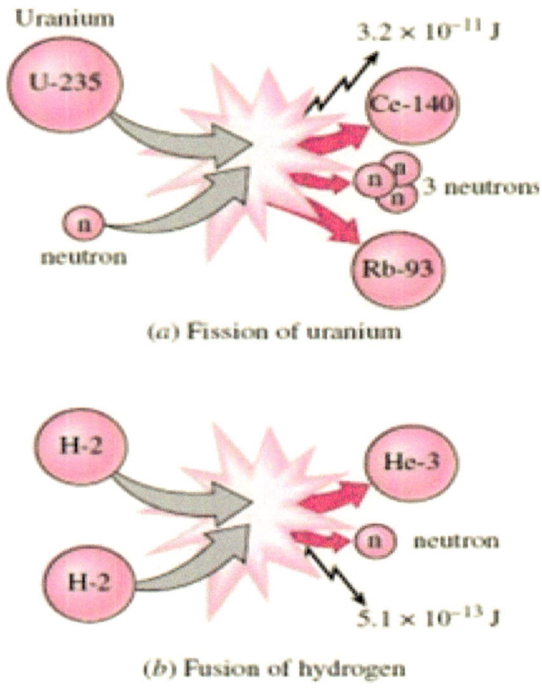

그림 1-1 물질의 분해와 융합[1)]

엑서지는 에너지의 현실적인 개념으로서 어떤 특정한 상태에 있는 주어진 양의 에너지 중에서 유용한 잠재 일(potential work)이 얼만 인지를 결정할 수 있는 상태량(가용성)을 말하며, 종합적인 에너지의 유효 이용도를 평가하는 데 쓰이는 단위이다.

그림 1-2는 엑서지를 정의하고 있으며, 주어진 환경조건에서 어떤 계는 외부로 꺼낼

수 있는 최대의 기계적 작업을 그 계의 엑서지라고 하며, 에너지에서 엑서지를 뺀 값을 아네르기(anergy)라고 한다. 에너지 총량에서 최대한 엑서지를 제고하고 아네르기 무효에너지를 감소키는 것이 중요하다.

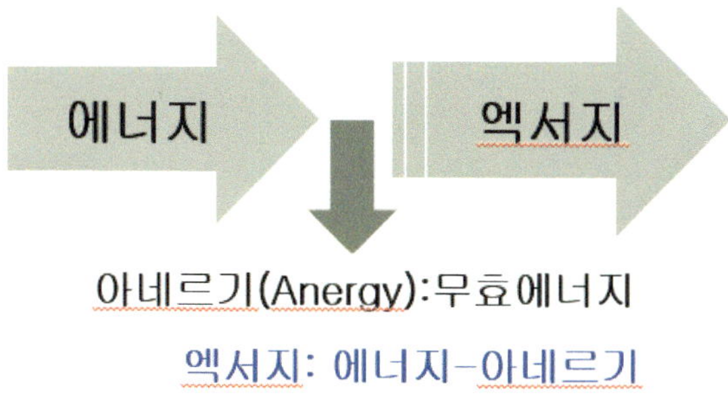

그림 1–2 엑서지

(2) 연소(Combustion)

연소란 화합물(CxHy)이 공기 중 산소(O_2)와 반응하여 높은 열과 빛을 발산하면서 이산화탄소(CO_2), 물(H_2O) 등의 산화 생성물을 만들어 내는 현상을 말한다. 식 (1.1)은 메탄(CH_4)이 연소되는 화학식을 나타내고 있다.

$$CH_4 + 2O_2 \rightarrow CO_2 + 2H_2O \tag{1.1}$$

에너지 방출은 화학물질 내에서 전자와 핵의 상대적인 위치와 운동의 변화 때문이며, 연소 될 때 발생하는 불꽃은 탄소와 수소를 포함하는 화합물과 산소 사이의 높은 온도에서의 반응의 결과이다. 모든 경우 에너지는 연소 반응에 의해 방출되며, 화학물질의 전자와 핵의 반응이 진행됨에 따라 높은 에너지에서 낮은 에너지 배열 상태로 옮겨 간다.

표 1-1 연소 중 열에너지를 내는 대표적인 물질들

물질	화학식
휘발유	C_8H_{18}
경유	$C_{12}H_{26}$
천연가스	CH_4
프로페인(propane)	C_3H_8
뷰테인(butane)	C_4H_{10}
에탄올	C_2H_6O
파라핀	$C_{21}H_{44}$
나무	$C_{6000}H_{10002}O_{5001}$

[2] 화학반응(chemical reaction)

(1) 발열반응과 흡열반응

자유에너지(free energy)는 어떤 열역학적 계(thermodynamic system)가 가지고 있는 내부에너지 중에서 실제로 유용한 일로 변환이 가능한 에너지를 말하며, 깁스 자유에너지(Gibbs free energy)는 일정한 압력과 온도를 유지하는 조건 아래에 있는 열역학적 계에서 뽑아낼 수 있는 유용한 에너지의 최댓값을 말한다.

발열반응(exothermic reaction)은 그림 1-3에서 볼 수 있듯이 화학반응의 과정에서 계(system)에서 열을 방출하는 반응으로, 일반적으로 화학반응은 발열반응이 많다. 흡열반응(endothermic reaction)은 화학에서 계가 열을 흡수함으로써 진행되는 반응으로, 융해와 기화 반응이 존재하여 인간도 땀의 기화를 통해서 체온을 조절한다.

$$CO + \frac{1}{2}O_2 \rightarrow CO_2 \tag{1.2}$$

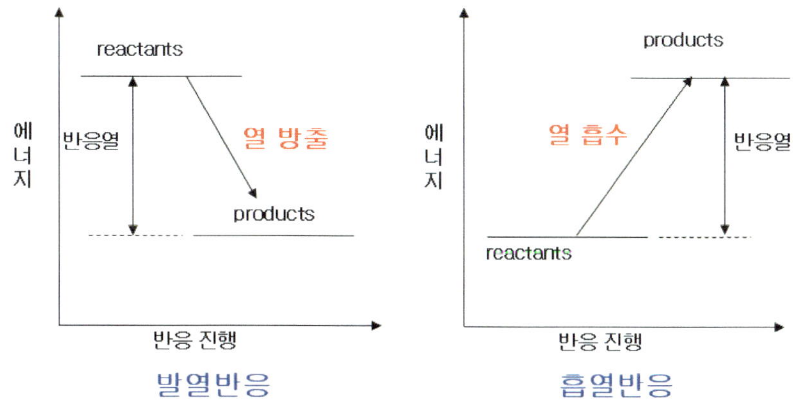

그림 1-3 발열반응과 흡열반응

(2) 결합의 형성과 파괴

화학반응에시 열교환을 측정하기 위하여 열량계를 사용하며 에너지 변화를 계산한다. 화학반응물(reactant)의 결합을 파괴할 때는 흡열과정이며, 에너지를 요구한다. 화학반응에서의 생성물(product)의 결합을 형성할 때는 발열 과정이며, 에너지를 방출한다. 반응물의 결합 파괴에 필요한 에너지는 (+), 생성물의 결합 생성에 방출한 에너지는 (-) 값이므로, 합산하면 알짜에너지(ΔH)값을 구할 수 있다.

$$C_6H_{12}O_6 + 6O_2 \rightarrow 6H_2O + 6CO_2 \tag{1.3}$$

반응물 생성물

결합파괴: 흡열과정 결합생성: 발열과정

표 1-2 평균 결합에너지(kJ/mol)

단일 결합(Single bonds)							
C-H	413	N-H	391	O-H	463	F-F	155
C-C	348	N-N	163	O-O	146	Cl-F	253
C-N	293	N-O	201	O-F	190	Cl-Cl	242
C-O	358	N-F	272	O-Cl	203	Br-F	237
C-F	485	N-Cl	200	O-I	234	Br-Cl	218
C-Cl	328	H-H	436	S-H	339	I-Cl	208
C-Br	276	H-F	567	S-F	327	I-Br	175
C-I	240	H-Cl	431	S-Cl	253	I-I	151
C-S	259	H-Br	366	S-Br	218		
		H-I	299	S-S	266		
다중 결합(Multiple Bonds)							
C=C	614	N=N	418	O=O	495		
C≡C	839	N≡N	941	S=O	523		
C=N	615	N=O	607	S=S	418		
C≡N	891						
C=O	799						
C≡O	1072						

(3) 화학반응 속도론(chemical reaction kinetics)

1) 화학반응의 발생 원동력

물체는 무질서한 것이 질서 정연한 것 보다 더 쉬운 특성을 가지며, 처음 존재하는 물질들이 화학반응 후 많이 분산된다. 에너지와 물질이 분산(dispersion) 되려고 하는 경향 때문에 화학반응이 자발적(spontaneous)으로 일어난다. 자발적인 반응은 화학적으로 일어날 수 있는 특성이고, 비자발적인 반응은 전기 분해 등과 같이 많은 에너지원이 필요하다. 온도란 입자(원자, 분자, 이온)의 평균 운동에너지를 반영하며, 엔트로피(entropy)는 계(system)내의 무질서를 나타내는 상태량이다.

$$*ds = \frac{\delta Q}{T}$$

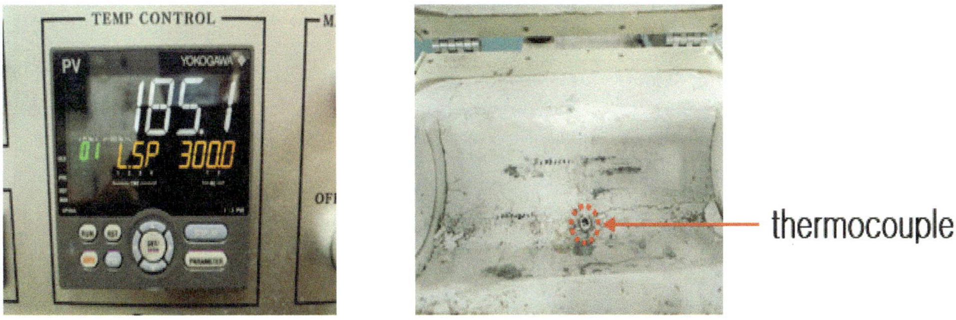

그림 1-4 온도

2) 화학반응의 속도론

활성화에너지(activation energy, Ea)는 반응물(reactant)는 그림 1-5에서 볼 수 있듯이 가지고 있는 화학결합을 끊는(깨는) 에너지이며, 반응물은 종류에 따라 다양한 화학결합을 가진다. 화학반응 속도론(chemical kinetics)은 화학반응의 속도에 영향을 주는지에 대해 연구하고, 반응 메커니즘을 통해 생성물의 생산량에 대해 연구한다. 화학반응의 속도에 미치는 중요한 인자는 아래와 같다.

* 반응물의 농도
* 온도
* 촉매
* 반응물의 물리적인 상태

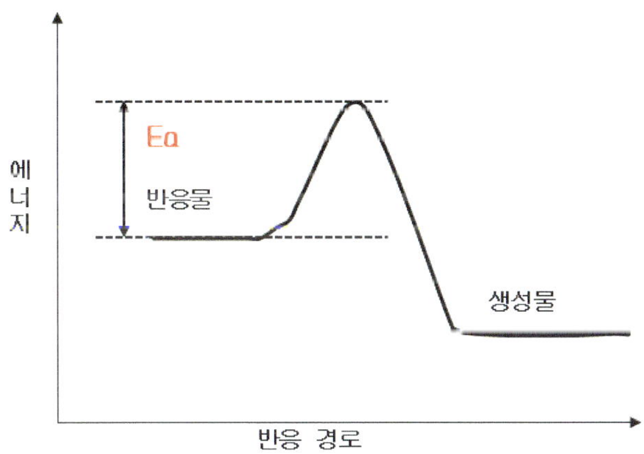

그림 1-5 활성화에너지

그림 1-6 반응물의 농도에 따른 충돌 특성[2)]

1.2 촉매(Catalyst)

[1] 촉매의 정의

촉매란 반응과정에서 소모되거나 변화하지 않으면서, 다른 물질들이 반응하도록 중매 역할을 하며, 활성화 에너지(Ea)를 낮거나 높은 경로 반응을 일어나도록 한다. 반응속도(reaction rate)를 변화시키는 물질이며, 생성하고자 하는 물질을 선택적(selectivity)으로 만들 수 있다. 활성화 에너지를 낮춰주는 것을 정촉매, 높여 주는 것을 부촉매라고 하며, 반응속도는 일반적으로 낮게 한다.

[2] 촉매의 구성

(1) 촉매(무기)의 구성 요소

주촉매(main catalyst), 조촉매(additive catalyst, promoter), 지지체(support), 담체(substrate)로 구성되며, 주촉매는 산화 및 환원 반응에 활성이 좋은 물질로써 귀금속(Pt, Pd, Rh)이 있다. 최근 디젤기관에서 배출되는 질소산화물(NOx)를 저감시키는 환원 촉매인, Urea-SCR(Selective Catalytic Reduction) 촉매에 담지(loading)되는 Ag, Cu, Fe, Vanadium 등이 있다. 여기서 Pt(백금)와 Pd(팔라듐)는 CO와 HC의 산화에 선택도가 높으며, Rh(로듐)은 WHO에서 정한 유독성 물질인 NOx의 환원에 선택도가 높다.

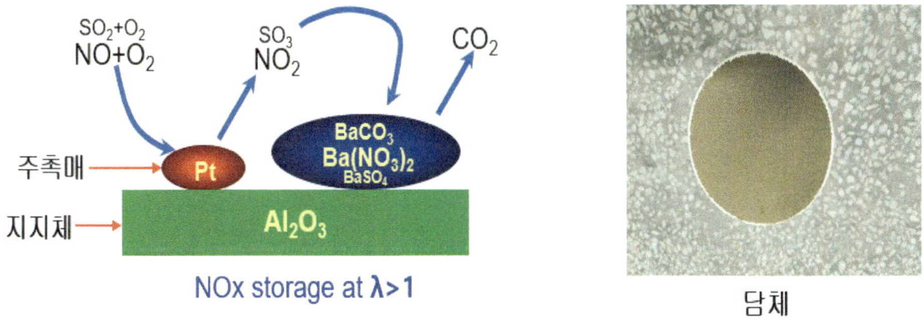

그림 1-7 촉매 구성과 담체

조촉매는 그 자체는 활성이 없으나 주촉매에 첨가되어 활성이나 선택성을 증가시키는 물질(ZrO_2, Mn, Ru, CeO_2, Ni, Cr, Al_2O_3, SiO_2, MgO etc)이며, 중량으로 10wt% 이하로 촉매에 첨가되어 열적 내구성 및 피독에 대한 내구성을 향상시키는 물질이다. 지지체는 촉매 물질들이 담지되는 곳으로 활성 촉매의 표면적을 크게 하고, 열적 내구성 향상을 위한 물질들이 있으며, Al_2O_3, SiO_2, TiO_2, Zeolite 등이 있다. 지지체가 갖추어야 할 조건은 아래와 같다.

* 지지체는 열적, 기계적으로 안정되어야 함
* 표면적이 넓어야 함
* 가공성이 좋아야 하며, 저렴하고 취급하기가 용이함
* 지지체는 물리·화학적으로 안정해야 함(열적 내구성 및 피독에도 강해야 함

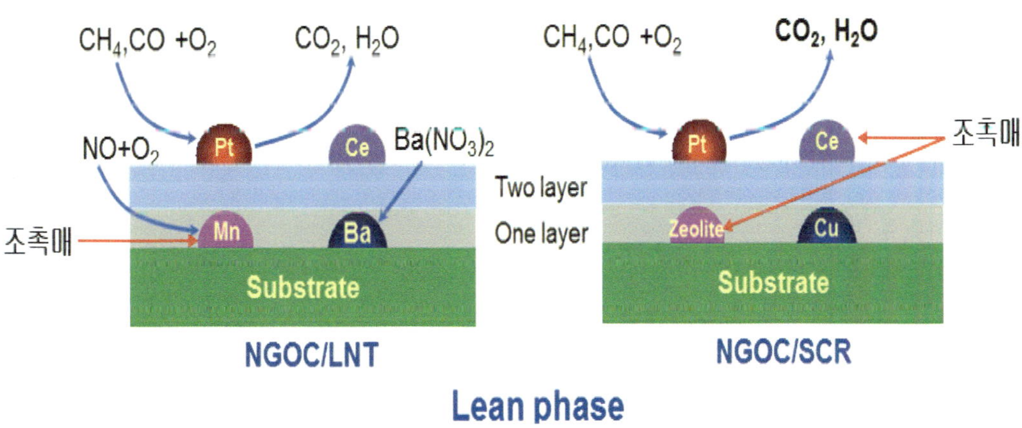

그림 1-8 조촉매 역할

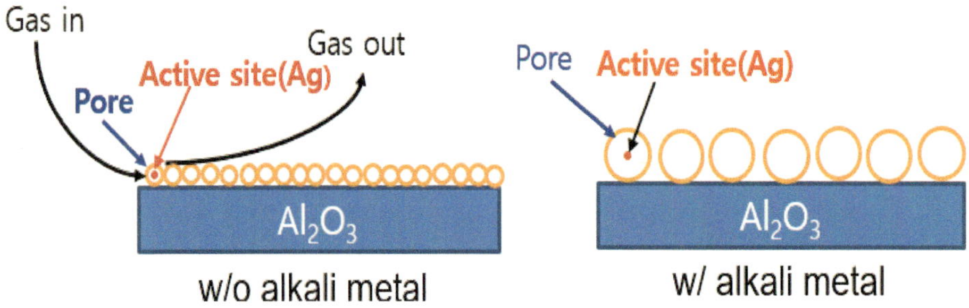

그림 1-9 지지체의 역할[3)]

담체(substrate)는 조촉매 기능을 갖는 물질을 분산시켜 안정하게 흡착하게 하는 고체이며, 표면적이 큰 다공성 물질로 되어있으며 촉매 기능을 향상시킬 수 있다. 알루미나(Al_2O_3), 실리카(SiO_2) 및 금속 산화물이 사용되고 있다. 담체를 선택할 때 고려할 사항은 담체 내 기공의 직경과 부피, 표면적, 강도, 화학적 안정성, 모양 등에 대하여 고려해야 하며, 자동차와 산업용 담체로는 세라믹과 메탈 담체로 구분한다.

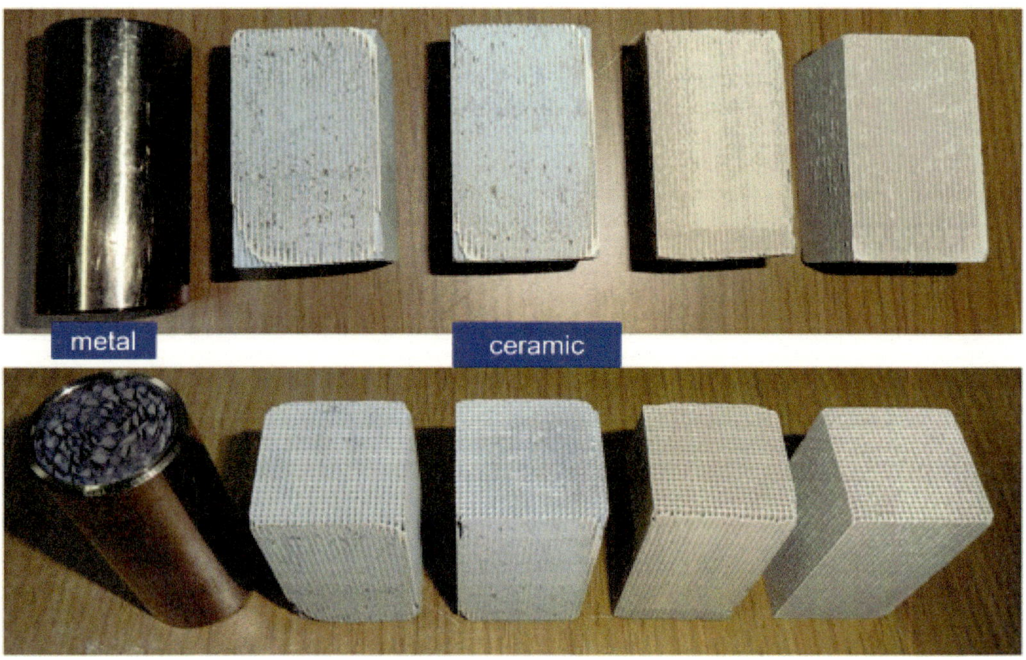

그림 1-10 메탈과 세라믹 담체

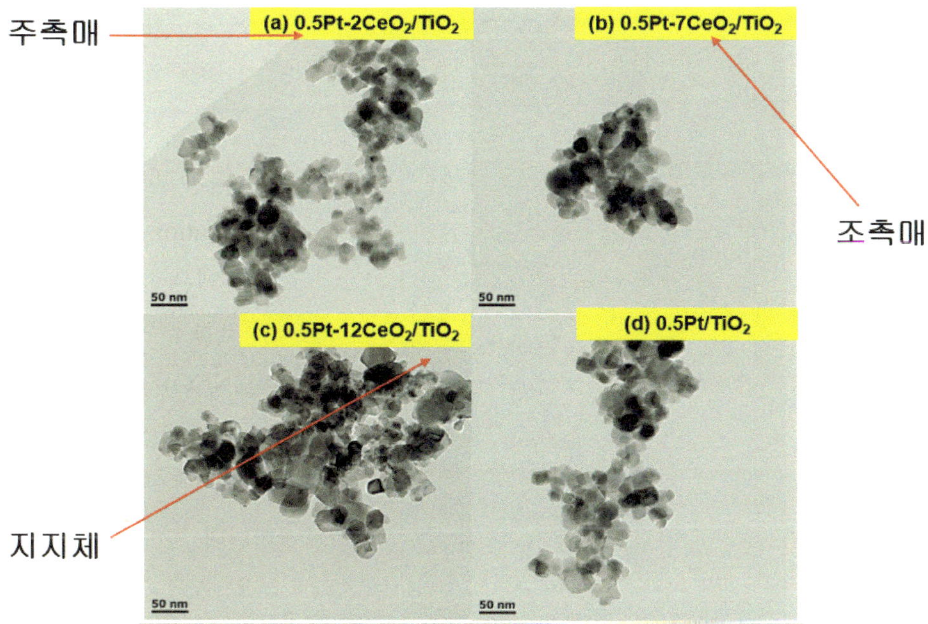

그림 1-11 H_2-SCR의 촉매 구성 물질의 TEM 이미지

[3] 촉매의 제조법

촉매를 제조하는 방법은 함침법(impregnation), 침전법(precipitation), 이온교환법(ion exchange), 졸-겔법(sol-gel) 등이 있다.

(1) 함침법(impregnation)

지지체(support)를 활성 물질이 녹아있는 용액에 담근 후 용매를 증발시켜 활성 물질을 지지체에 담지(loading)하는 방법을 함침법이라고 한다. 촉매의 특성을 조절하고 촉매 성분을 분산시키는데 사용하며 실험실에서 다용하고 있다. 함침법의 순서는 그림 1-12와 같은 제조공정을 거친다.

* 목표로 하는 전구체와 용매(증류수)를 혼합하여 용액을 제조
* 세정(washing), 건조(dry), 밀링(milling) 작업
* 촉매 파우더를 증류수에 혼합하여 슬러리 상태로 담체에 목표로 하는 양만큼 여러 번 코팅
* 소성(calcination) 및 환원(reduction)처리

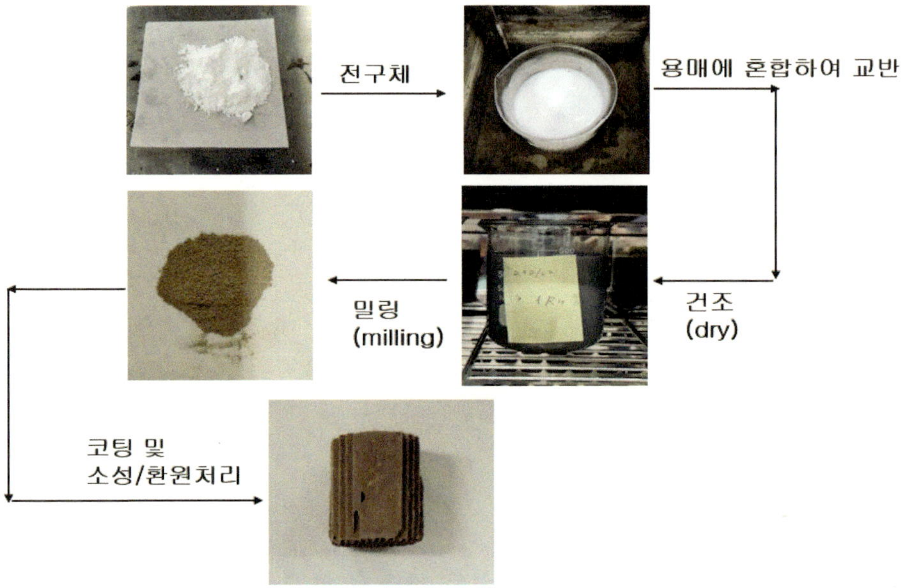

그림 1-12 함침법을 이용한 촉매 제조공정

(2) 침전법(precipitation)

침전법은 특정 물질을 용액에서 분리하여 고체 형태로 가라앉히는, 즉 침전시키는 방법이다. 화학, 환경 공학 및 생명 과학 등 여러 분야에서 폭넓게 활용된다. 촉매 제조방법 중에 침전법은 지지체(support)를 용액으로부터 침전시켜 고형 성분을 분리하는 방법으로서, 액상 중의 특정 성분이 고체상으로 석출되는 현상을 나타낸다. 석출시키는 방법으로는 농축 · 가열 · 냉각에 의한 석출과 침전제 및 포화에 의한 석출 방식으로 구분한다.

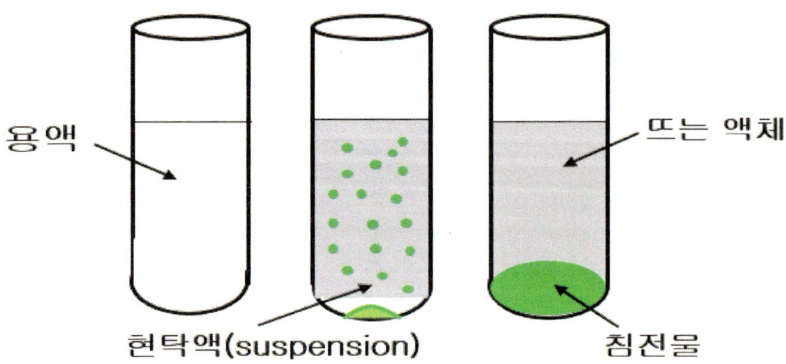

그림 1-13 침전법의 이해

(3) 이온교환법(ion exchage)

어떤 종류의 물질을 전해질 수용액에 넣으면, 그 물질이 이온은 떨어져 나오고 용액 속의 이온은 그 물질에 결합되어 이온이 서로 교환하여 고상에 존재하는 하나의 이온을 다른 이온이 교환하여 제조하는 방법이다. 정수 및 폐수 처리에 널리 이용되며, NOx를 저감시키는 SCR 촉매는 이온교환법을 이용하여 제조하며, 이온교환은 전기적 중성 원리에 따라 작동하며, 이온의 전하에 따라 양이온 교환과 음이온 교환으로 나뉜다. 이온교환법은 공정이 비교적 간단하고 제어하기 쉽고, 높은 효율로 이온을 제거하거나 회수할 수 있으며, 이온교환수지는 재생하여 재사용이 가능하다.

(4) 졸-겔법(sol-gel)

금속의 유기 및 무기화합물 용액을 겔화(젤리)시키고, 이를 열처리하여 산화물 고체를 제소하는 방법이다. 분자 단위 구조를 조절할 수 있는 초미세 구조 조정을 통해서 금속 산화물, 특히 실리콘(Si)과 티타늄(Ti)의 산화물 제조에 사용된다. 졸-겔법은 분자 수준에서 조절이 가능하여 매우 균일한 재료를 만들 수 있는 균일성을 확보할 수 있다. 분말, 섬유, 박막, 벌크 등 다양한 형태의 제품을 제조할 수 있다. 박막 제조시 일반적인 방법에 비해 낮은 온도에서 소결이 가능하여 에너지를 절약하고 경제적이다. 균일하고 넓은 면적에 코팅하는 것이 용이하고, 일부 공정은 상온에서 간단히 실시할 수 있어서 공정이 간단한 장점을 가지고 있다.

1.3 연소공학(Combustion engineering)

[1] 연료의 특성

(1) 연료의 성상

석유계 탄화수소의 원유를 구성하는 탄화수소의 형태는 파라핀(paraffins), 올레핀(olefin), 방향족(aromatics)이며, 정제 열분해 과정에서 발생한다. 파라핀 탄화수소는 포화

탄화수소로 C_nH_{2n+2}, 2중 결합을 하나만 가지고 있는 mono olefin(C_nH_{2n}), 방향족 탄화수소는 불포화결합(C_nH_{2n-6})을 가진다.

그림 1-14는 탄화수소계 연료의 분자 구조를 나타내고 있다. 좌측 분자 구조는 파라핀 구조이며, 올레핀은 중간에 분자구조를 보여주고 있으며, 방향족은 복잡한 분자 구조 형태를 띤다. 파라핀 계열은 석유, 천연가스 등에서 추출되는 탄소와 수소로 이루어진 화합물인 포화 탄화수소(알켄) 계열을 말한다. 반응성이 약하고 화학약품에 대한 내성이 강하다.

올레핀계는 '올레핀계'을 기본단위로 하여 만들어진 화합물이나 소재를 통틀어 이른다. 올레핀은 탄소(C)와 수소(H)로만 이루어진 탄화수소의 분자 구조를 이루며, 분자 내에 C-C 이중결합을 하나 이상 가지고 있다. 에틸렌(ethylene), 프로필렌(propylene), 부탄(butene) 등의 화합물이 있다. 방향족 아로마틱 분자 구조는 벤젠과 같이 단일 결합과 이중결합이 번갈아 나타나는 고리 구조를 형성하며, 전자의 비편재화로 인하여 분자 구조의 안정성이 높다. 석유화학 산업에서 벤젠, 톨루엔, 자일렌(BTX) 등을 지칭하기도 한다.

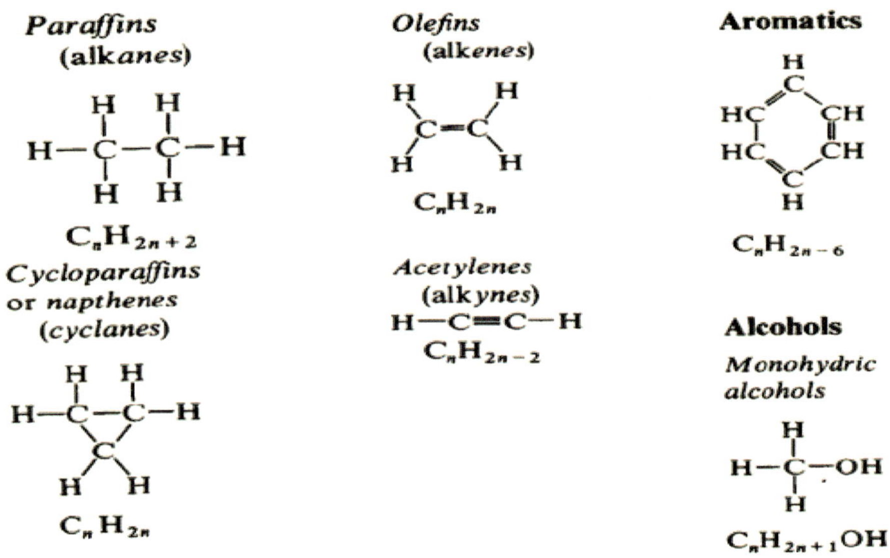

그림 1-14 탄화수소계 연료의 분자구조[4)]

(2) 연소 특성

1) 연소방식과 화염 형태

연소는 화염방식과 비화염방식으로 나뉘며, 화염은 예혼합화염(premixed flames)과 비예

혼합 또는 확산화염(diffusion flames)으로 나뉜다. 화염방식(flame)에서 예혼합화염(premixed flame)은 가솔린 기관이 대표적이며, 공기와 연료를 이론공연비 조건에 맞게 공급하여 연소하는 화염이며 안정적으로 전파된다. 확산화염(diffusion flame)은 디젤 기관의 연소가 대표적이며, 연소되기 전에 산화제와 연료가 분리되는 화염이며 확산 불꽃은 확산과 대류 과정을 포함한다. 비화염방식(non-flame)에서 고체 연소(solid combustion)는 입자 가열, 수분 증발, 휘발물 방출, 산화 등의 과정을 거쳐 이루어진다. 촉매 연소(catalytic combustion)는 피가열체의 건조 온도가 낮거나 화재 위험성이 있는 경우에 적합하다. 기존의 열적 처리 방식에서는 화염 연소가 주를 이루고, 촉매 연소는 부가적으로 연소 가스 후처리에 한정된다.

그림 1-15 화염과 비화염 형태[4)]

[2] 내연기관의 오염물질의 배출 특성

(1) 가솔린 기관(spark ignition)의 오염물질 배출 특성

가솔린 기관은 연소실의 온도가 고온 조건에서 일산화질소(NO)가 생성된다. 과농(rich) 혼합비와 고온 조건에서 일산화탄소(CO)가 생성되며, 혼합가스가 불완전 연소가 되면 탄화수소(HC)가 생성된다. 그림 1-16은 가솔린 기관에서 배출되는 오염물질을 나타내고 있다. 엔진은 흡입-압축-팽창(연소, 동력)-배기 행정 중에 팽창 행정에서 NO는 연소실 온도가 2,000℃ 이상 조건에서 발생 된다. CO는 연소실에서 산소가 부족한 분위기(과농 혼합비)에서 연료가 많이 공급된 고온 조건에서 발생한다.

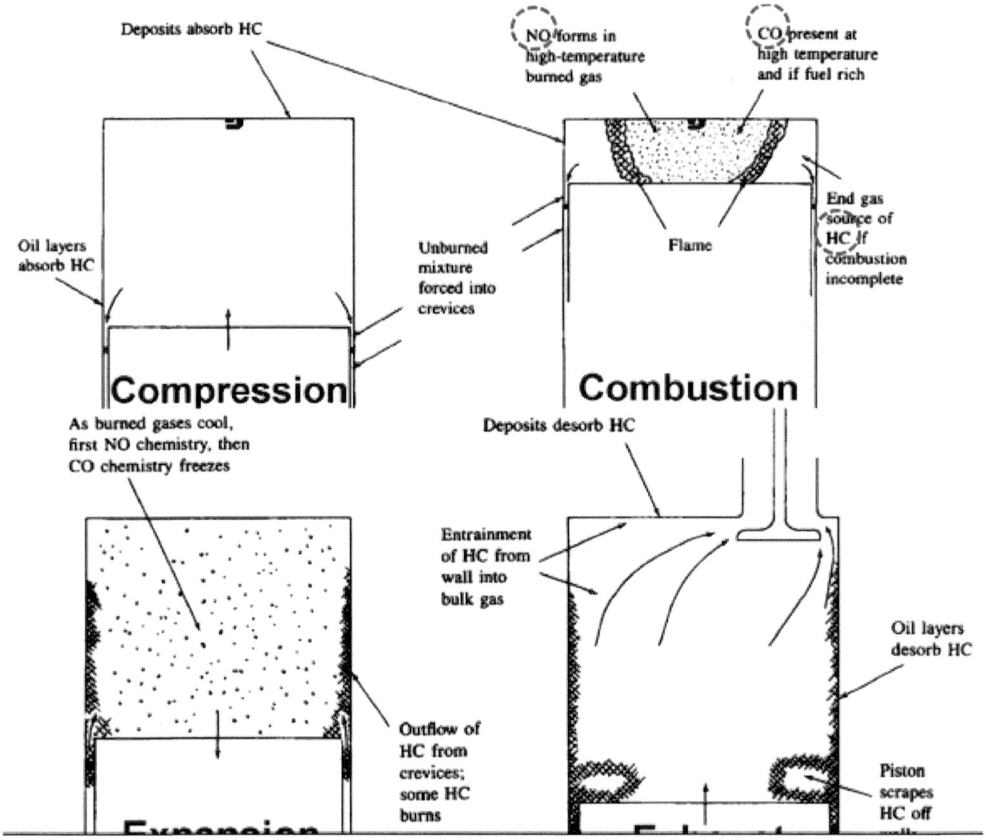

그림 1-16 가솔린 기관의 오염물질 배출 생성 특성[5)]

(2) 디젤 기관(compression ignition)의 오염물질 배출 특성

디젤 엔진은 연소실의 온도가 고온 조건에서 일산화질소(NO)가 생성되며, 과농 혼합비에서 soot가 생성이 된다.

* soot: 그을음, 검댕으로 유기물의 불완전연소 또는 열분해에 의해 생기는 흑색 무정형의 미소 분말 물질을 말한다.

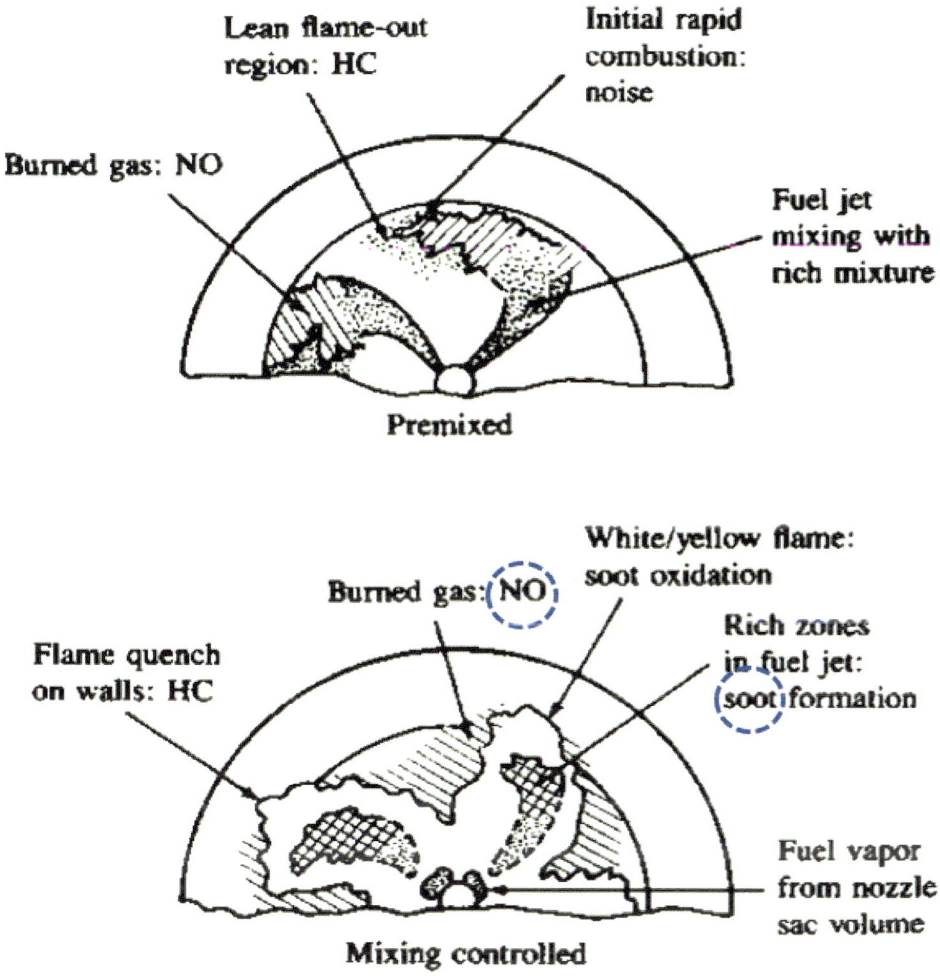

그림 1-17 디젤 기관의 오염물질 배출 생성 특성[5)]

희박(lean) 공연비 조건으로 동작되는 CI 연소방식인 디젤 기관의 HC 배출량은 SI 연소방식인 가솔린 기관의 1/5 정도이며, HC 입자는 연소 기간에 발생하는 고체 탄소 입자 표면에 응축되어 배출된다. 연소가 정지할 때까지 증발하지 않은 연료들이 배기 행정에서 HC가 증가한다. SI 기관과 같은 이유로 벽에서의 퇴적물 흡착, 유막 흡착 및 간극 체적 등에서 HC가 배출된다.

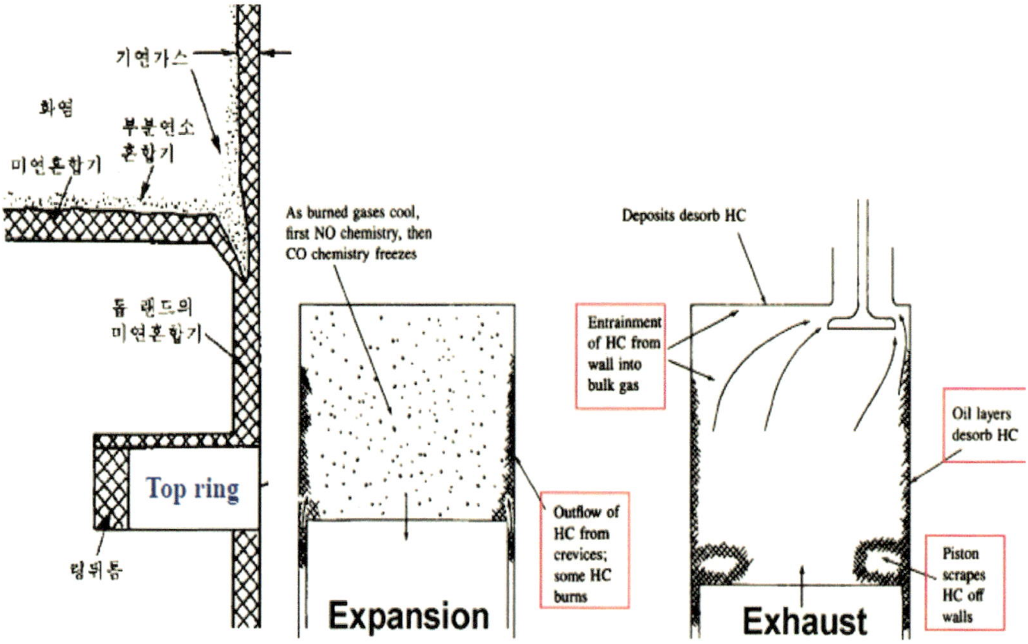

그림 1-18 디젤 기관의 HC 배출가스 생성 특성[5)]

디젤 기관에서 배출되는 일산화탄소(CO)의 생성 메커니즘은 불완전 연소(incomplete combustion)와 열해리(thermal dissociation)로 인하여 CO 가스가 생성된다. 탄화수소계 연료의 CO가 생성되는 화학 반응식은 (1.1)과 같다.

$$CxHy + O_2 \rightarrow aCO + bCO_2 + cHC + dH_2O \tag{1.1}$$

특히, 산소가 부족하고 연소실 온도가 낮으며, 작동 유체인 혼합가스의 짧은 체류 시간으로 인하여 CO 발생을 야기시킨다. 그림 1-19에서 볼 수 있듯이 디젤 기관은 희박한 연소(lean burn) 분위기에서 작동하므로 이론공연비로 운전되는 가솔린 기관에 비해 CO가 매우 저 농도로 배출되는 경향을 나타내며, 주요 인자는 A/F(공기/연료)비이다.

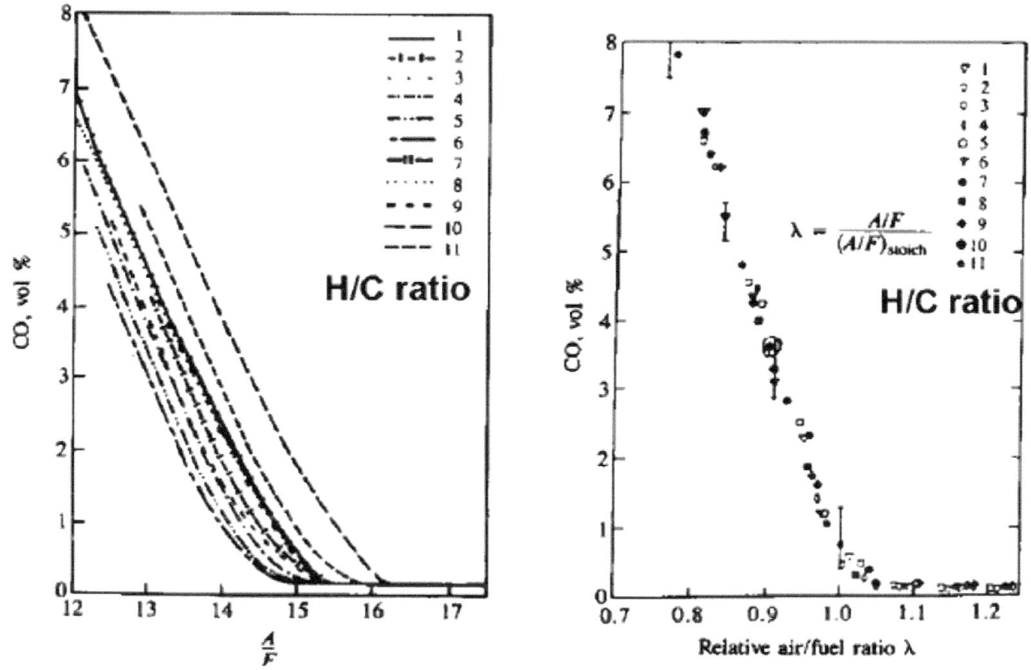

그림 1-19 디젤 기관의 CO 배출가스 생성 특성[5)]

디젤 기관에서 일산화질소(NO)가 생성되는 메커니즘은 연소 효율이 증대되며 연소온도가 증가하면 NO 배출가스가 증가하며, NO의 생성 메커니즘은 식 (1.2)~(1.4)와 같다.

- Zeldovich mechanism

$O + N_2\ (k1^+) \rightarrow\leftarrow (k1^-)\ NO + N$ (1.2)

$N + O_2\ (k2^+) \rightarrow\leftarrow (k2^-)\ NO + O$ (1.3)

- Extended Zeldovich mechanism

$N + OH\ (k3^+) \rightarrow\leftarrow (k3^-)\ NO + H$ (1.4)

*k: the rate coefficient, m^3/kmol-s

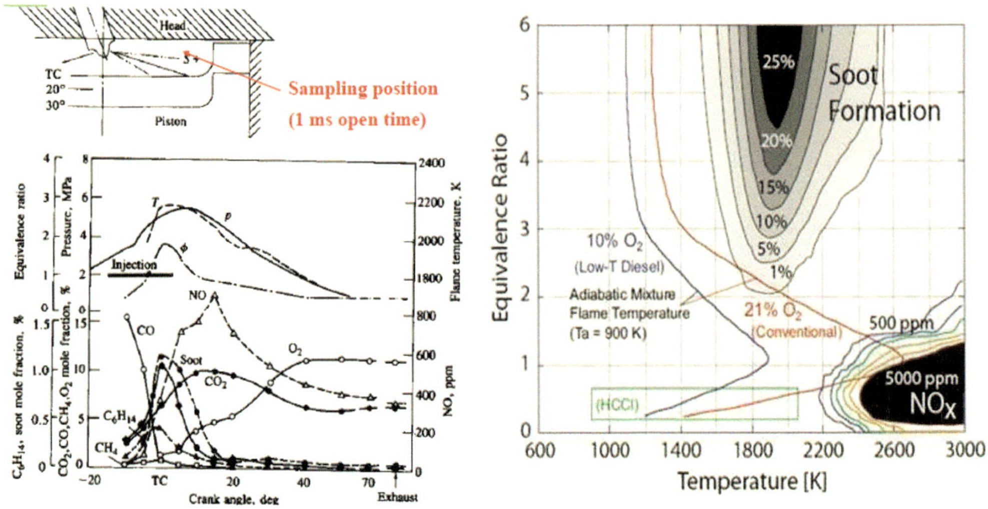

그림 1-20 디젤 기관의 NO 배출가스 생성 특성[5)]

입자상 물질(particulate matter)은 CI 기관의 확산 연소(diffusion combustion)영역에서 PM이 다량 생성되며, 세계무역기구 WHO(World Health Organization)에서 지정한 발암물질이다. 입자상 물질이 가장 많이 배출되는 때는 최대 출력 공급을 위해 최대 연료가 분사되어(농후한 혼합기) 연료의 연비가 저하되는 기관의 전부하 시이다. 그림 1-21에서 매연 입자는 둥그런 고체 탄소 덩어리로 지름 10~80nm (1nm=10^{-9}m), 대부분 15~30nm 범위로 HC를 포함한 고체 탄소로 다른 성분들이 표면에 붙어있으며, 하나의 매연 입자는 최고 4,000개의 탄소 구를 포함한다.

그림 2-22에서 볼 수 있듯이 PM은 고체 탄소 입자와 그 주변에는 황산과 탄화수소 종류의 기상(vapor phase) 물질들이 화합물로 구성되어 있으며, 온도 650℃ 이상에서 고체 탄소는 산소가 있는 분위기에서 CO_2로 산화된다. PM의 생성 메커니즘은 식(1.5)와 같다.

$$CxHy + cO_2 \rightarrow aCO_2 + bH_2O + cCO + dC(s) \qquad (1.5)$$

난류와 질량 운동이 연소실 내에서 성분들을 계속 혼합하면 탄소 입자들도 충분한 산소와 반응하여 CO_2로 산화된다.

$$C(s) + O_2 \rightarrow CO_2 \qquad (1.6)$$

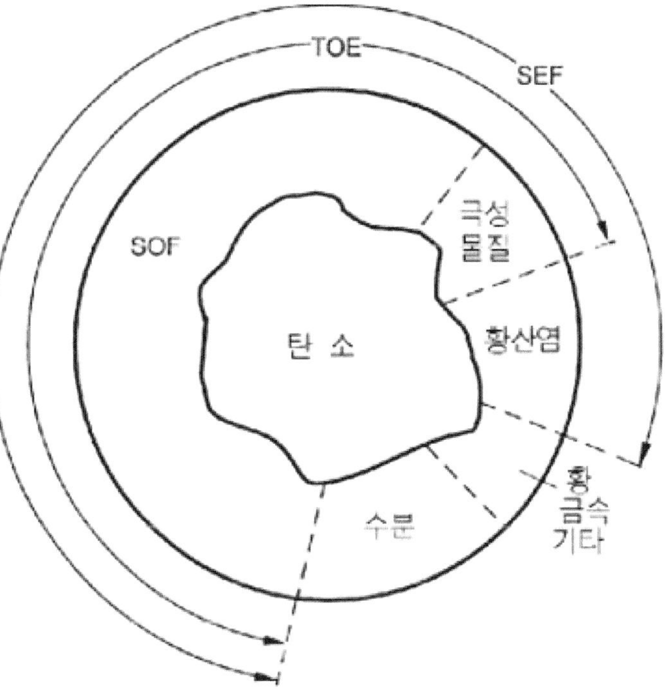

그림 1-21 PM의 구성 물질[6)]

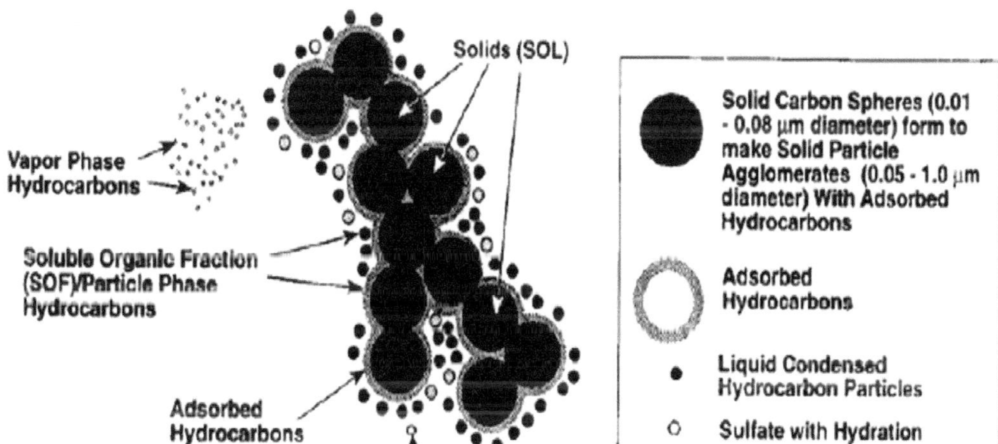

그림 1-22 PM의 입자와 기상의 화합물[7)]

그림 1-23은 디젤 기관에서 배출되는 NOx와 PM이 생성되는 실험결과이다. NOx 배출량

이 증가할수록 반대로 SMOKE의 배출량은 감소하는 상충 관계(trade-off)를 나타내고 있다. NOx를 감소시키는 전처리와 후처리기술이 있으며, 전처리 기술은 배기가스 재순환 장치 EGR(Exhaust Gas Recirculation)이 있다. EGR 장치는 NOx의 배출량은 감소시킬 수 있지만, 매연과 HC의 배출가스가 증가한다. 디젤 기관에서 분사압력을 높이면 연료 분자입자가 더 작아지고, HC와 매연 배출을 줄이지만, 실린더 온도와 NO의 배출량이 증가한다. 디젤 기관에서 NOx과 PM를 감소시키는 후처리기술은 de-NOx 촉매(SCR, LNT)와 PM을 수집하는 디젤입자장 물질 필터 DPF(Diesel Particulate Filter)로 통해 재생 전략에 의해 PM 유해물질을 산화시킨다.

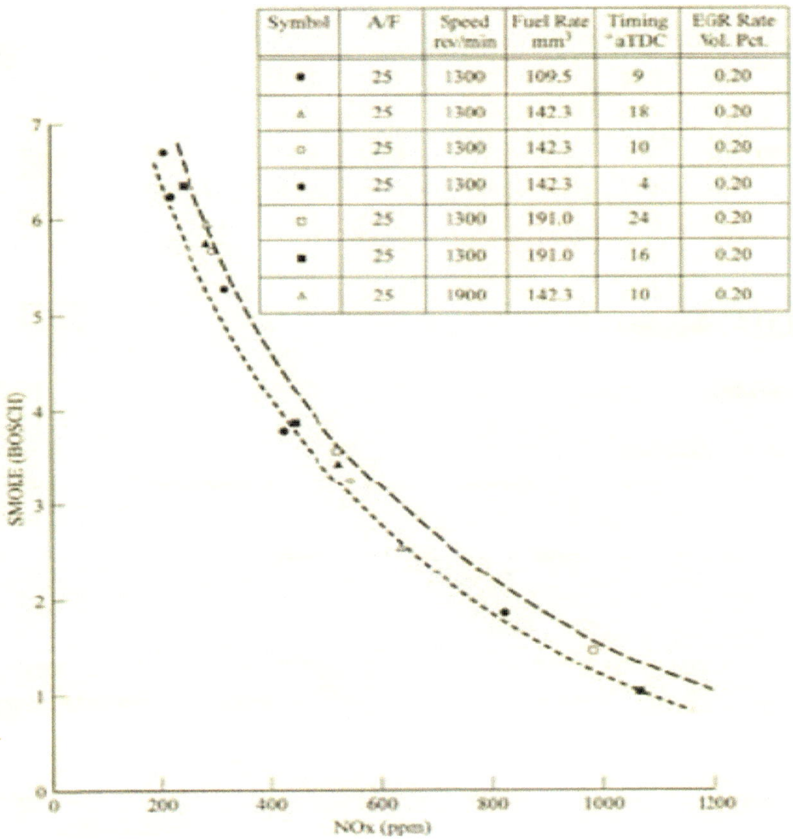

Symbol	A/F	Speed rev/min	Fuel Rate mm^3	Timing °aTDC	EGR Rate Vol. Pct.
●	25	1300	109.5	9	0.20
▲	25	1300	142.3	18	0.20
○	25	1300	142.3	10	0.20
●	25	1300	142.3	4	0.20
□	25	1300	191.0	24	0.20
■	25	1300	191.0	16	0.20
▲	25	1900	142.3	10	0.20

그림 1-23 NOx와 PM의 trade-off 관계[8)]

1.4 배기후처리공학

[1] 삼원 촉매(Three-Way Catalyst)

(1) 촉매 유형

촉매 유형은 입상 촉매(pellet type)와 벌집 모양의 허니컴 촉매(honeycomb type)로 구분이 된다. 입상 촉매는 촉매 베드 사이를 흐르는 가스가 지나는 두 천공판 사이의 공간에 채워 넣어 설치되어, 일반적으로 구슬의 체적은 엔진의 체적과 유사하다. 벌집 모양의 허니컴 촉매는 세라믹(ceramic) 재질의 경우 진동으로부터 균열을 막기 위해 매트(mat)가 케이싱(cashing) 사이에 삽입되어 있으며, 자동차용에 적합하다. 여기서 세라믹은 실리콘(Si), 알루미늄(Al), 타이타늄(Ti), 지르코늄(Zr) 등과 같은 금속원소가 산소, 탄소, 질소 등과 결합하여 만든 산화물로써 대표적으로 도자기 제품을 예로 들 수 있다.

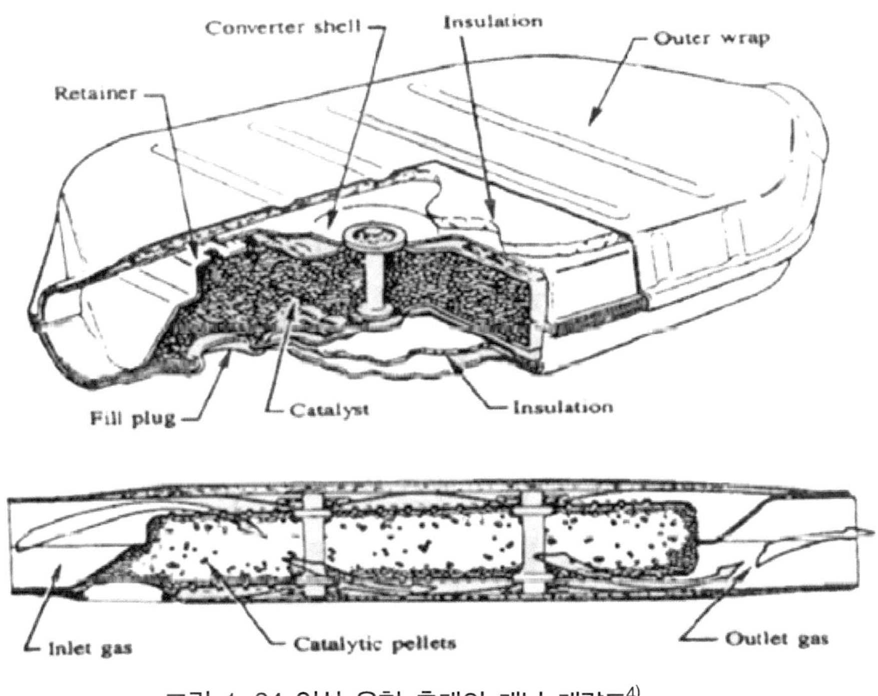

그림 1-24 입상 유형 촉매의 캐닝 개략도[4)]

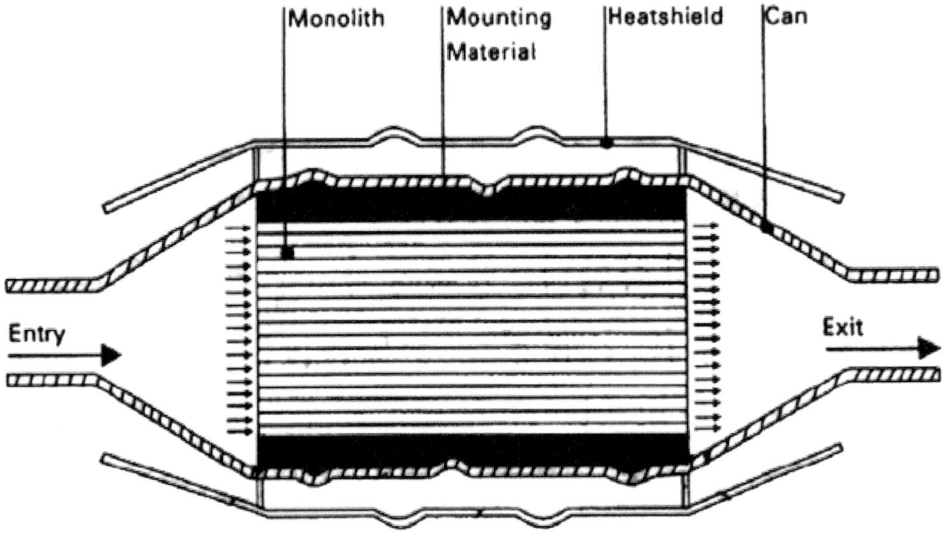

그림 1-25 허니컴 촉매의 캐닝 개략도[4)]

(2) 삼원 촉매

삼원 촉매(TWC, Three-Way Catalyst)는 가솔린 기관(Spark Ignition)용 배기가스 저감 장치로, 유해가스인 일산화탄소(CO), 탄화수소(HC) 및 질소 산화물(NOx)를 주촉매 귀금속(Pt, Pd, Rh)을 이용하여 저감시키는 촉매를 말한다. 아래 식 (1.7)~(1.17)은 유해가스를 저감시키는 삼원 촉매의 산화와 환원 반응식을 나타내고 있다.

$$2NO + CO \rightarrow N_2O + CO_2 \tag{1.7}$$

$$CO + 1/2O_2 \rightarrow CO_2 \tag{1.8}$$

$$HC + O_2 \rightarrow H_2O + 2CO \tag{1.9}$$

$$H_2 + 1/2O_2 \rightarrow H_2O \tag{1.10}$$

$$NO + CO \rightarrow 1/2N_2 + CO_2 \tag{1.11}$$

$$2NO + HC \rightarrow N_2 + H + CO_2 \tag{1.12}$$

$$NO + 5/2H_2 \rightarrow NH_3 + H_2O \tag{1.13}$$

$$CO + H_2O \rightarrow CO_2 + H_2 \quad (1.14)$$

$$3NO + 2NH_3 \rightarrow 5/2N_2 + 3H_2O \quad (1.15)$$

$$2N_2O \rightarrow 2N_2 + O_2 \quad (1.16)$$

$$2NH_3 \rightarrow N_2 + 3H_2 \quad (1.17)$$

자동차용 촉매는 배기가스 온도가 높고, 수분을 함유하고 있으므로 고온과 수분에 대한 내구성을 확보하여야 한다. 촉매를 평가할 때는 유해가스 저감 성능과 수열 열화 평가가 중요하다. 고온에서 노출된 촉매의 구성 물질은 이동(migration)하고 동종 성분끼리 응집(agglomeration)하게 되며, 입자(particle)가 성장하면 촉매의 활성에 이르는 에너지가 많이 요구되므로 촉매의 반응속도가 저하된다. 그림 1-26은 fresh 조건에 비해 700℃ 9h 동안 열적 열화된 촉매는 귀금속 Pt와 CeO_2 입자는 응집되고 성장하는 모습을 확인할 수 있다.

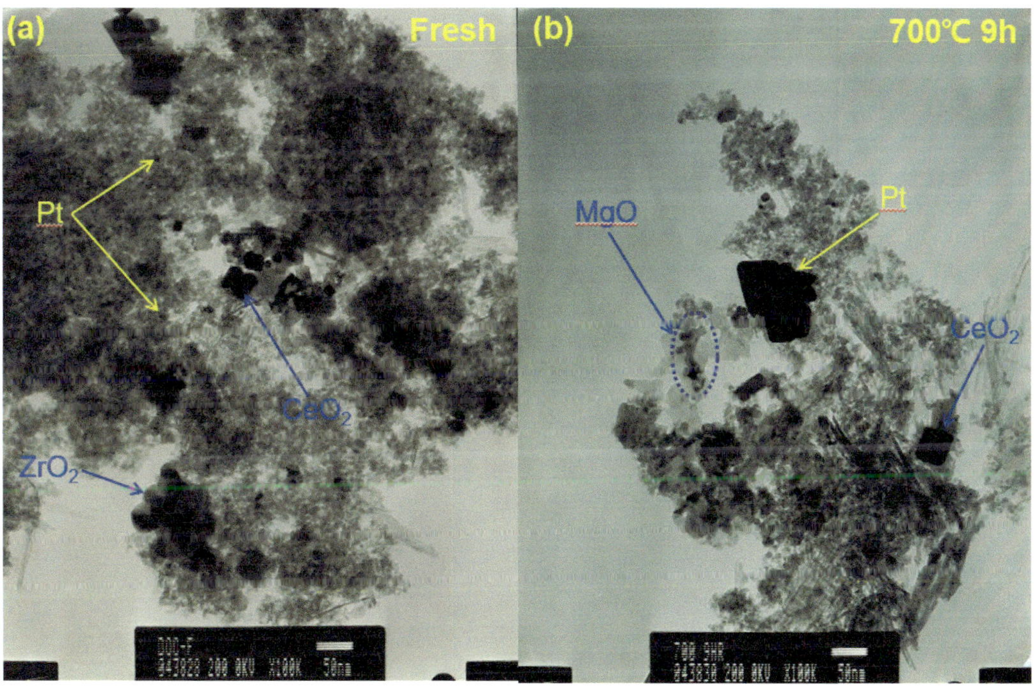

그림 1-26 DOC 촉매의 Fresh/수열 열화 촉매의 이미지[9]

[2] LNT 촉매(Lean NOx Trap)

(1) 디젤 엔진의 승용차의 Euro-6 배기 규제

디젤 기관은 가솔린 기관에 비해 이산화탄소(CO_2) 배출량이 적고, 강력한 토크와 연비가 좋은 장점을 가지고 있지만, 연소 특성상 연소실의 온도가 고온조건에서 질소 산화물(NOx)이 생성되며, 입자상 물질(Particulate Matter)은 과농한 혼합기에서 연소 상태가 좋지 않을 때 배출된다. 그림 1-27은 디젤 기관의 승용차에 대한 NO_X와 PM의 배기 규제치를 나타내고 있다. Euro 3 배기 규제치에서 시작하여 Euro 4 배기 규제를 충족하기 위해서는 SCR, NSC, LNT 촉매 등의 후처리 촉매 시스템이 꼭 필요하다. Euro 6의 NOx와 PM의 규제치는 거의 "0"에 이르며, 배기 규제치를 충족시키기 위해서는 CRDI와 터보 차져 등의 전처리 엔진기술과 후처리 촉매의 복합시스템의 조합으로 대응해왔다.

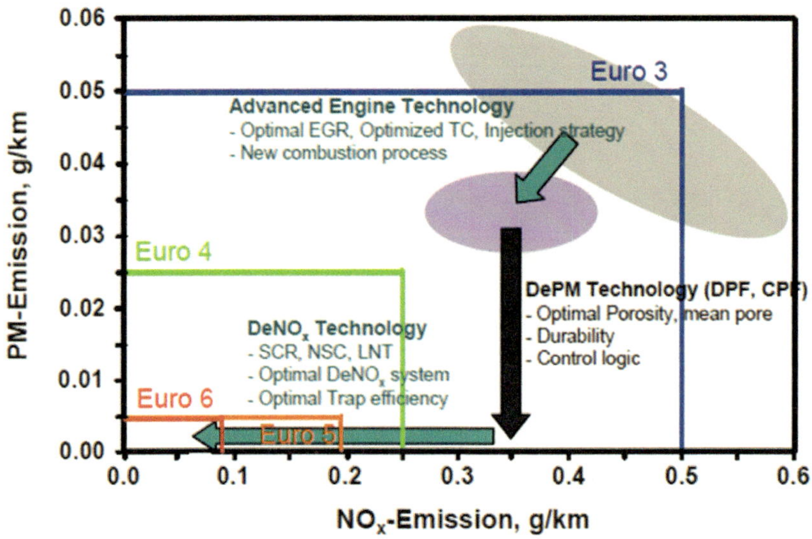

그림 1-27 디젤엔진 승용차의 Euro-6 배기규제

그림 1-28은 Euro 6 대응용 클린 디젤엔진의 전·후처리기술을 나타내고 있으며, 전처리 엔진기술은 흡배기계, 연소계, 냉각장치, 연료 분사장치 및 기타기술로 구분이 된다. CRDI(Common Rail Direct Ignition) 고압연료 분사장치와 EGR(Exhaust Gas Recirculation) 배기가스 재순환 장치로 압축할 수 있다. 또한, 후처리 촉매기술로 입자상물질(PM)을 트랩하여 산화시키는 DPF(Diesel Particulate Filter)와 NOx를 저감시키는 희박NOx환원촉매(Lean NOx Trap)와 선택적인환원촉매(Selective Catalyst Reduction)를 들 수 있다.

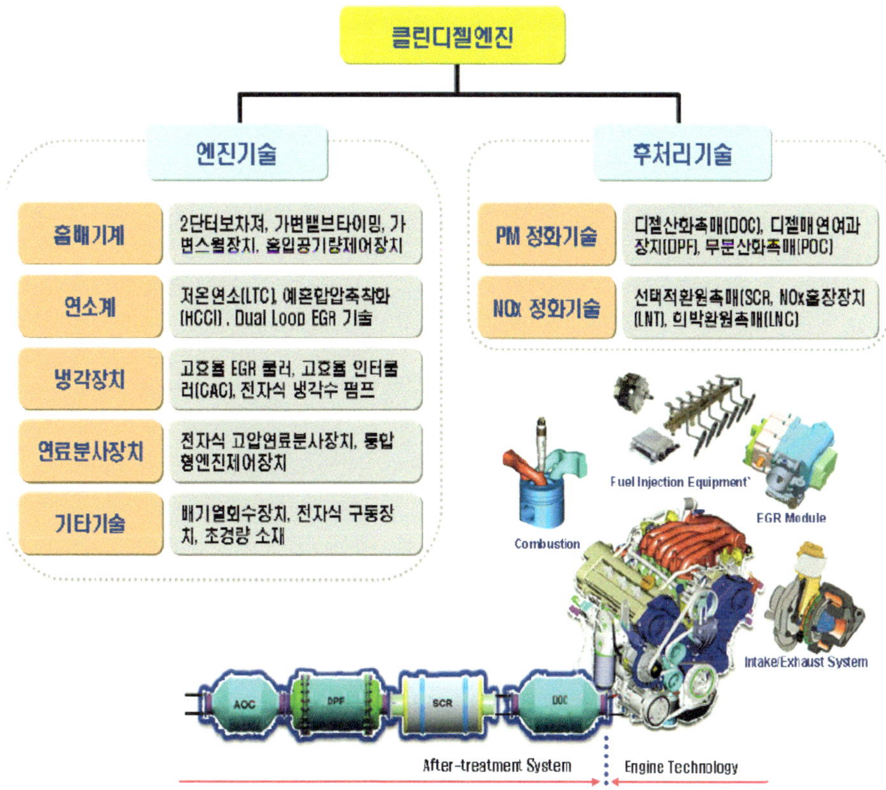

그림 1-28 Euro-6 대응용 클린디젤 엔진 전 · 후처리 기술[10)]

(2) LNT 촉매

LNT(Lean NOx Trap) 촉매는 그림 1-29에서 볼 수 있듯이, 산소가 많은 희박한 분위기에서 산성 계열인 NOx는 염기계열인 바륨(Ba) 사이트에 흡장(storage)된다. 바륨 사이트에 NOx 흡장량이 포화(saturation)에 이르며, LNT 촉매에 장착된 NOx 센서 신호에 의해 엔진제어장치 ECU(Electronic Control Unit)는 최근 발달한 고압연료분사장치(CRDI 분사시스템)를 이용하여 연소실 내에 연료를 정밀하게 제어하여 분사한다. 연소실 내에서 생성된 H_2, CO 및 HC는 NOx를 제거하는 환원제 역할을 담당하여, 산소량이 적은 과농 분위기(rich condition)에서 바륨 사이트에 흡장된 NOx를 탈착하며, 귀금속 로듐(Rh)은 N_2로 환원시키는 데 선택성을 가지고 있다.

그림 1-30은 LNT 촉매 후단에서 암모니아(NH_3)가 생성되는 메커니즘을 나타내고 있다. LNT 촉매의 중요한 역할을 담당하는 백금(Pt)은 LNT 촉매에 환원제 H_2가 공급되어 NOx를 재생할 때 부반응으로 식(1.18)와 같이 암모니아가 생성된다. 주로 Pt 입자가 열적 열화(thermal aging)에 의해 성장하거나 또는 촉매 온도가 저온 등 반응속도가 느릴 때 생성된다.

식(1.19)은 중간생성물로 생성된 암모니아가 질산염과 반응하여 N_2로 환원시킨다.

$$Ba(NO_3)_2 + 8H_2 \rightarrow 2NH_3 + BaO + 5H_2O \qquad (1.18)$$

$$Ba(NO_3)_2 + 10NH_3 \rightarrow 8N_2 + 3BaO + 15H_2O \qquad (1.19)$$

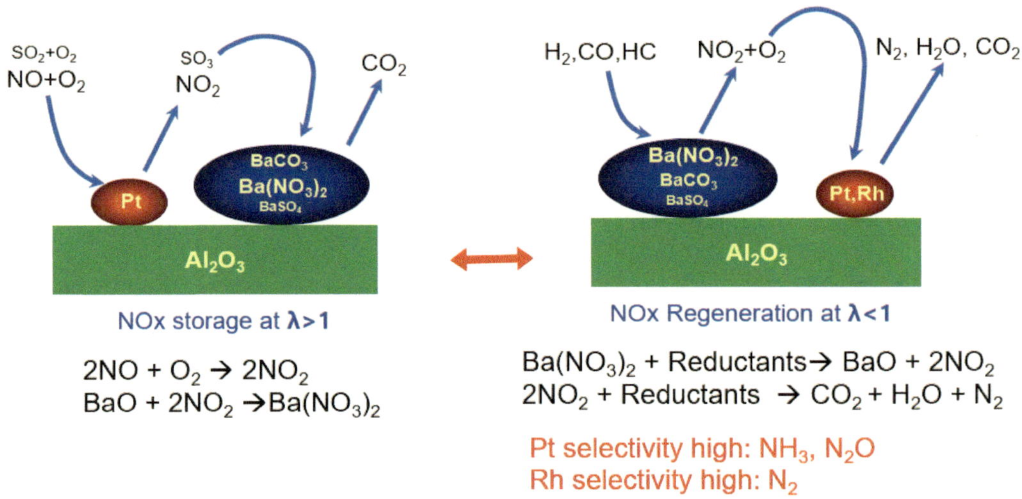

그림 1-29 LNT 촉매의 NOx 저감 메커니즘[11)]

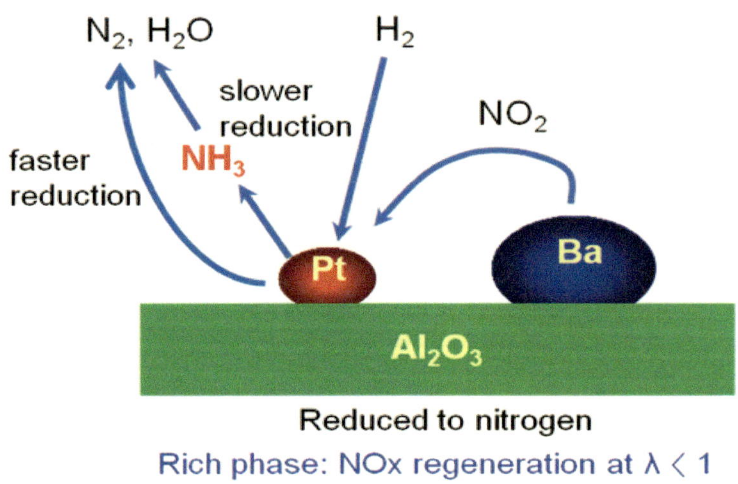

그림 1-30 LNT 촉매의 NH_3 생성 메커니즘[11)]

[3] Urea-SCR(Selective Catalytic Reduction) 촉매

(1) Euro 7 배기 규제 시행

탄소 중립을 목표로 Euro 7 배기 규제 로드맵에서 신차 경차는 2025년 7월 1일, 신차 대형차량은 2027년 7월 2일부터 발효된다. Euro 7 배기 규제는 유럽에서 경차의 배기가스 제한을 지정하는 마지막 표준이 될 것이다. 가장 영향력 있는 변화 중 하나는 더 넓은 실주행 배기가스 RDE(Real Driving Emission) 범위 내에서 기존의 실험실 기반 엔진 테스테에서 실제 주행 배기가스 RDE 테스트로 전환되는 것이다.

표 1-3과 표 1-4는 승용차(passenger cars)와 중량 차량(heavy duty)에 대한 Euro 7의 배기 규제값이다. Euro 6에 비해 RDE 모드가 적용되었고, 유해가스의 규제가 엄격해짐에 따라 엔진의 전·후처리 시스템의 성능을 강화시키고 내구성 향상 및 시스템의 경제성을 동시에 추구해야 할 것이다.

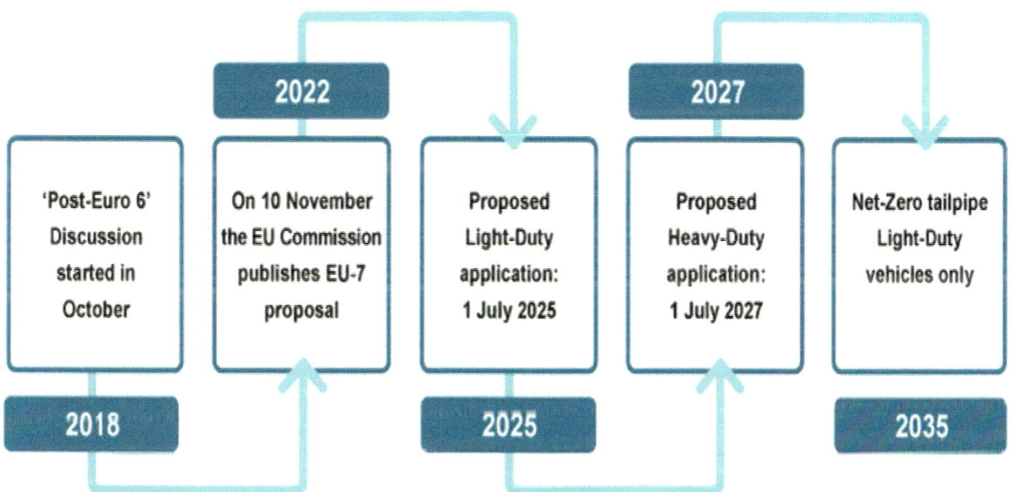

그림 1-31 Euro 7의 배기 규제 로드맵[12)]

표 1-3 Euro 7의 passenger cars의 배기 규제[12)]

Parameter	Unit	Euro 6d			Euro 7	
		Positive ignition (mostly gasoline)	Compression ignition (diesel)	Method		Method
Carbon monoxide (CO)	mg/km	1000	500	Lab + RDE	500	(Lab) + RDE*
Oxides of nitrogen (NOx)	mg/km	60	80	Lab + RDE	60	(Lab) + RDE*
Total hydrocarbons (THC)	mg/km	100	-	Lab	100	(Lab) + RDE*
NOx + HC	mg/km	-	mg/km	-	-	-
Non-methane HC (NMHC)	mg/km	68	-	-	68	(Lab) + RDE*
Particulate matter (PM)	mg/km	4.5	PM_{23} 4.5	Lab	4.5	Lab
Particulate number (PN)	#/km	PN_{23} 6.0 x 10^{11}	PN_{23} 6.0 x 10^{11}	Lab + RDE	PN_{10} 6.0 x 10^{11}	(Lab) + RDE*
Ammonia (NH_3)	mg/km	-	-	-	20	(Lab) + RDE*

*EU-7 RDE different to EU-6d RDE

표 1-4 Euro 7의 heavy-duty cars의 배기 규제[12)]

Emission limits heavy-duty (mg/kWh)	Euro VI petrol	Euro VI diesel		Evaluated limits HDV (mg/kWh)	Euro 7 proposal	
	Euro VI Transient testing	Euro VI Transient testing	Euro VI Transient testing		Cold emissions	Hot emissions
NOx	460	460	400	NOx	350	90
PM	10	10	10	PM	12	8
PN_{23} nm (#/kWh)	6,0 x 10^{11}	6,0 x 10^{11}	8,0 x 10^{11}	PN_{10} nm (#/kWh)	5 x 10^{11}	2 x 10^{11}
CO	4000	4000	1500	CO	3500	200
THC	-	160	130			
NMHC	160	-	-	NMOG	200	50
NH_3 (ppm)	10	10	10	NH_3	65	65
CH_4	500	-	-	Methane (CH_4)	500	350
				N_2O	160	100
				HCHO	30	30

(2) Urea-SCR 촉매

Urea-SCR 촉매는 NOx 저감 성능이 우수하고, 연비가 좋아서 중·대형 차량에 상용화 되었고, 디젤 게이트 이후에는 2리터급 승용차에도 적용되고 있으며 내연기관용 NOx 저감용 촉매로 다양한 분야로 활용되고 있다. 그림 1-32는 Urea-SCR의 온도에 따른 NOx 전환율을 나타내고 있다. LNT 촉매에 비해 200℃ 이하 온도에서부터 500℃ 고온까지 NOx 저감 성능이 우수하고 window 폭도 확대된 특성을 나타내고 있다. 또한 중량 차량의 상용차에 초기에 장착되었고, 최근에는 엔진 배기량 2,000cc~3,000cc급에도 활용되고 있다.

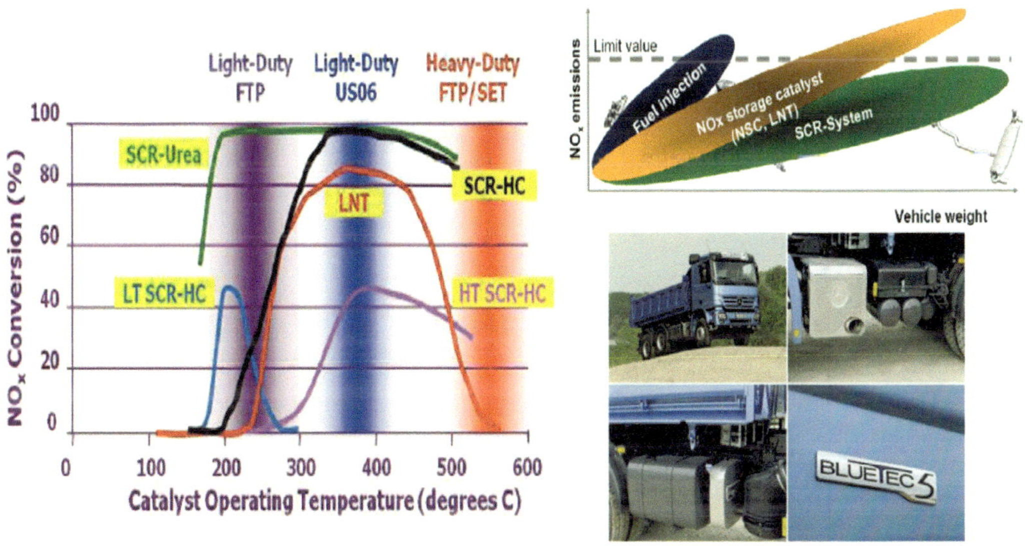

그림 1-32 Urea-SCR의 성능 및 적용[13)]

Urea-SCR 촉매는 제올라이트(Zeolite)와 티타니아(TiO_2) 촉매로 구분이 되며, 종류에 따라 NOx 저감 능력과 내구성 및 촉매 가격이 달라서 내연기관의 특징에 따라 장착되고 있다. 자동차용으로는 제올라이트(Si/Al) 지지체를 기반으로 하는 Cu, Fe-SCR이 사용되고 있으며, 선박용으로는 엔진 배기량, 경제성 및 내황성을 고려하여 티타니아(TiO_2) 지지체를 기반으로 바나듐(Vanadium) 촉매가 사용되고 있다.

그림 1-33은 Urea-SCR 촉매의 시스템 구성 및 활용 예를 보여주고 있다. Urea-SCR 후처리 촉매의 주요 구성시스템은 산화 촉매(oxi-Cat), 인젝터(injector), 믹싱 디바이스

(mixing device), SCR 촉매(SINOx-Cat)로 구성되어 있다. 상용차, 건설기계, 선박 등 다양하게 상용화되었다. 배출 가스 내 SCR 촉매 전단에 촉매 온도 및 NOx 배출량을 토대로 환원제인 요소수 우레아(urea)를 분사하여 NOx를 환원시킨다.

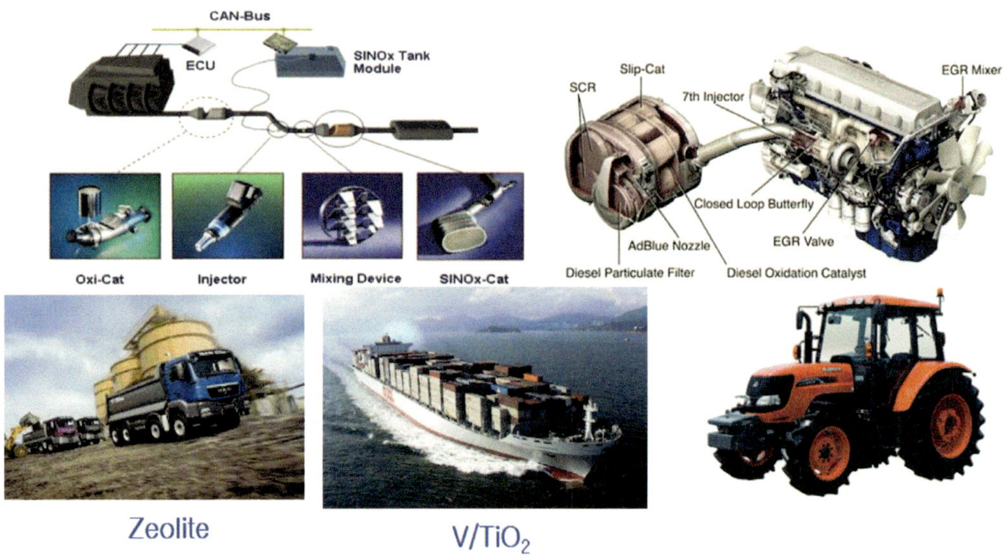

그림 1-33 Urea-SCR의 시스템 구성 및 활용 예[14)]

그림 1-34는 Urea-SCR 시스템의 구성도와 구성 요소별 환원 화학 반응식을 나타내고 있다. Urea-SCR 전단에 장착되어 있는 디젤산화촉매(Diesel Oxidation Catalyst)는 NO 가스를 NO_2로 산화시킨다. 고온의 배기관으로 분사된 urea 수용액은 H_2O 분해와 urea 열분해(thermal decomposition) 및 가수분해(hydrolysis) 반응 경로를 통해 NH_3를 생성한다. 이를 통해 질산염(nitrate)과 황산염(sulfate), 고상의 시안산$(HNCO)_3$ 등을 생성하기도 한다. 시안산은 H_2O와 반응하여 환원제인 알카리 계열 NH_3를 생성하여 산성 계열 NOx와 반응하여 N_2로 환원시킨다. SCR에서 질소산화물(NOx) 저감 반응은 배기가스 내 일산화질소(NO)와 이산화질소(NO_2)의 비율에 따라 여러 방식으로 일어난다. 이 중 NO와 NO_2가 1:1 비율로 혼합되어 있을 때 일어나는 Fast reaction(고속 SCR) 반응은 특히 저온에서 가장 빠른 반응 속도와 높은 NOx 전환효율을 보인다. 만약 DOC에서 NO가 과도하게 산화되어 NO_2의 비율이 지나치게 높아지면, 상대적으로 반응속도가 느린 'NO_2-SCR 반응'이 우세해져 오히려 NOx 전환율이 저하될 수 있다.

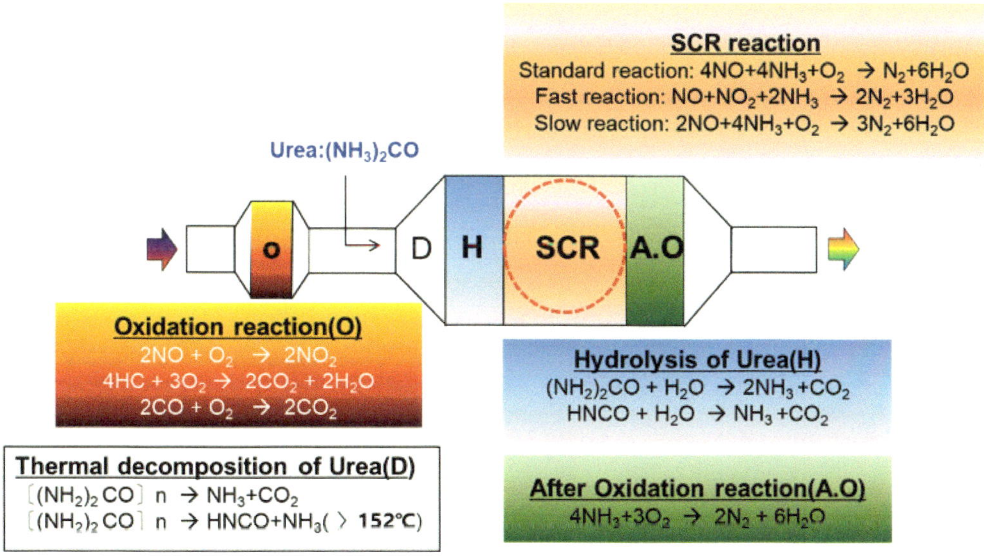

그림 1-34 Urea-SCR 시스템의 구성도와 요소별 환원 화학 반응식[11)]

그림 1-35는 Urea-SCR 촉매의 세부 환원 메커니즘을 나타내고 있다. Al(산점)에 염기성 NH_3는 선택적으로 흡장되며, 전이금속인 Cu, Fe는 NO를 산화시켜 여기된 (excited) NO* 로 변환해준다. SCR 촉매의 세공(pore)안의 산점(활성점)에서는 질산암모늄(NH_4NO_3) 화합물로 흡장이 된다. 전이금속 Cu, Fe가 온도 상승에 따른 활성화 에너지에 이르면 흡장된 NH_4NO_3와 반응하여 N_2로 환원시킨다. 여기서 SCR 촉매는 제올라이트 계열을 주로 사용하고 있으며, 제올라이트는 Si/Al 비율에 여러 형태의 촉매가 있으며, Si/Al 비율에 따라 촉매의 성능이 달라질 수 있다.

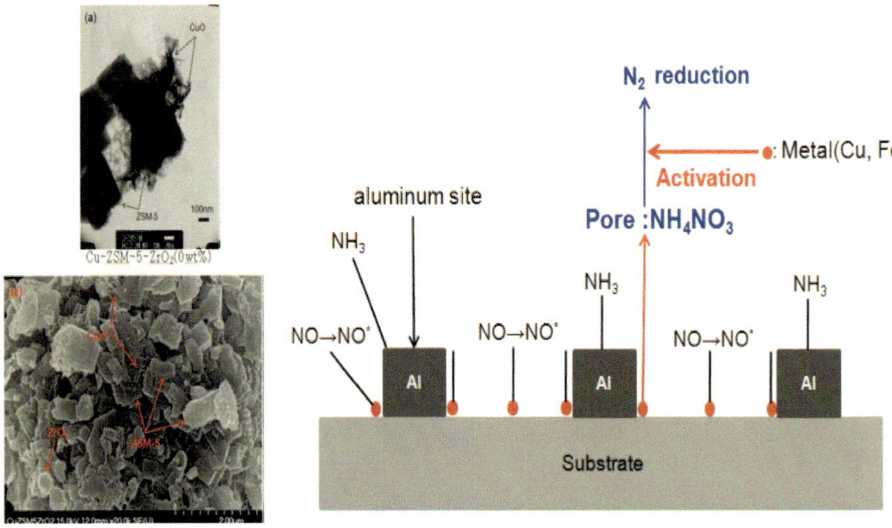

그림 1-35 Urea-SCR의 세부 환원 메커니즘[11)]

[4] DPF(Diesel Particulate Filter)

(1) 매연(PM, Soot)

내연기관에서 배출되는 매연(Particulate Matter, 입자상물질)은 각종 연료를 연소시키거나 원자재를 열처리하는 과정에서 고체 · 휘발성 증기 등과 같이 주로 눈에 보이는 연기의 성분이다. 환경보전법에서는 연료 또는 기타 물질이 연소 시에 발생되는 검댕, 입자상물질 또는 황산화물 매연이라고 한다. 검은 연기는 물질이 불완전 연소할 때 배출되는 덜 연소된 탄소, 붉은 빛깔의 연기는 산화철이 주된 원인이며, 흰색 내지 회색연기는 수증기와 회분이 주된 원인이다. WHO에서 지정한 발암물질이므로 강력하게 배기규제를 하고 있다.

Soot 생성과정은 그림 1-37에서 볼 수 있듯이 연료 분사 후에 연료 입자는 약 10^{-7} sec에 이르면 열분해(pyrolysis) 과정을 거친다. 10^{-5} sec에 이르기 전에 핵형성(nucleation)을 경유하면서 약 10^{-4} sec에 전에 응고(coagulation) & 표면 성장(surface growth)을 거친다. 10^{-2} sec 전에 입자의 응집(aggregation) 과정을 거치면서 Soot는 생성된다.

그림 1-36 매연 발생[15]

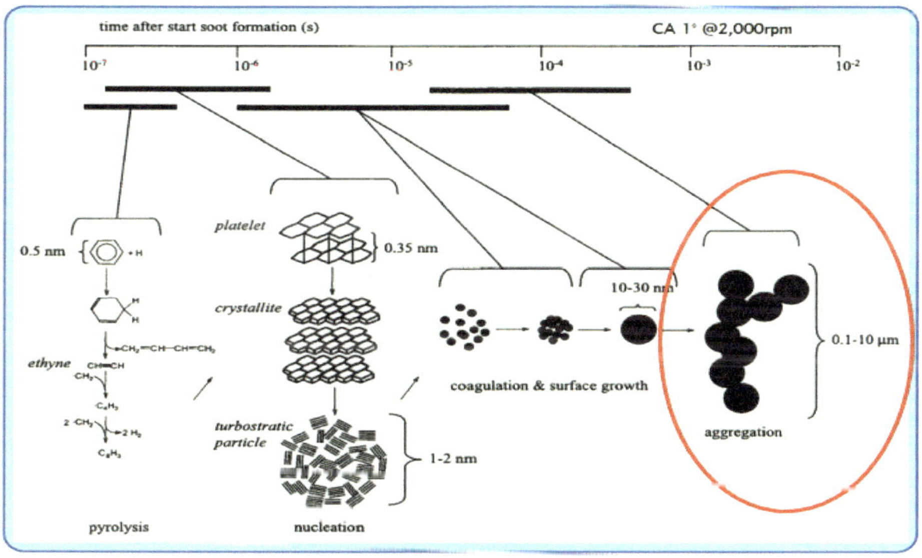

그림 1-37 Soot 입자의 형성 메커니즘의 개략도[4]

(2) DPF의 작동 메커니즘

디젤입자상물질필터는(Disel Particulate Filter)는 디젤기관의 배기가스 중 매연(PM)을 Filter(여과기)를 이용하여 물리적으로 포집하여 일정 거리 주행 후나 또는 DPF 전·후단의 차압 센서 신호에 의해 발화온도(550℃) 이상으로 배기가스 온도를 상승시켜 PM을 연소시켜 공해물을 저감시키는 장치로써 디젤 차량에는 필수적으로 장착되는 후처리장치이다.

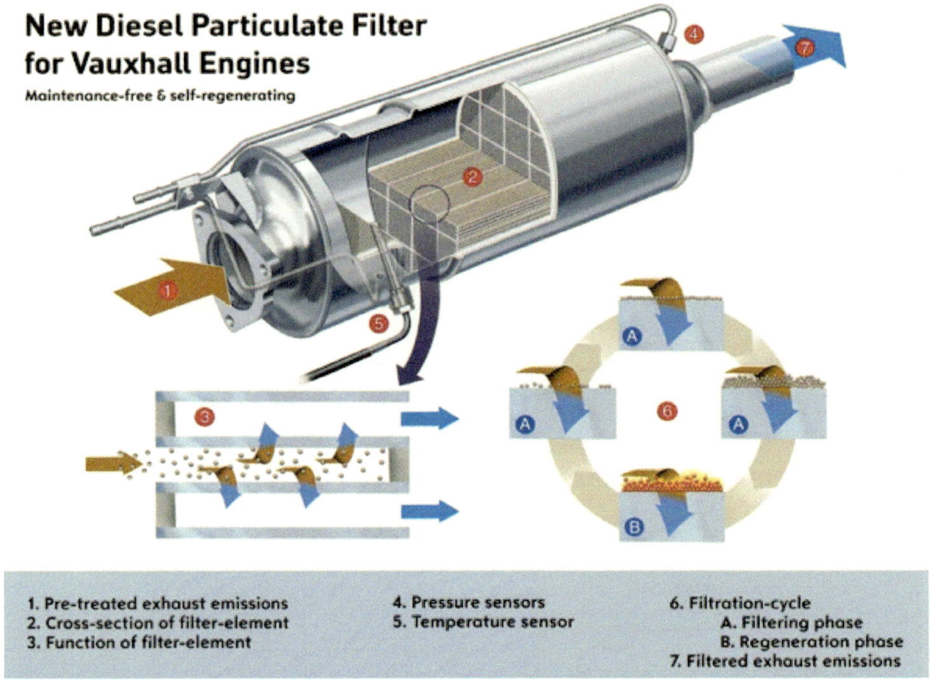

그림 1-38 DPF의 PM의 산화 원리[16)]

그림 1-39는 DPF의 작동원리와 재생 방법을 나타내고 있다. 재생방법은 연소 재생, 버너식 강제 재생, 히터식 강제 재생 및 복합 재생방식으로 구분된다. PM은 DPF 필터의 벽면를 통과하지만, channel 방식이므로 가장 끝단은 막혀(clogging) 있어서 soot 입자는 DPF 벽면에 trap되며, 시간에 지남에 따라 soot는 cake된다. DPF의 여러 재생 방법에 의해 trap되어 있던 soot를 산화시키기 위해, ECU에서 연료 분사전략에 따라 후분사(post injection)에 의해 DPF에 550℃ 이상의 온도를 유지하면서 soot를 CO_2와 H_2O로 산화시킨다. 또한, DPF는 소모품이므로 주기적인 관리가 필요하며, 제대로 관리하지 않으면 여러 문제가 발생할 수 있다. 시내 운전처럼 잦은 저속으로 주행하면 엔진 온도가 낮게 유지되는 환경에서는 재생이 제대로 이루어지지 않아 DPF가 막힐 수 있다. 재생 과정 중에 시동을 끄면 재생이 중단되어 필터에 무리가 갈 수 있으며, 그을음이 계속 쌓이거나 재생이 불완전하게 이루어지면 필터가 막힘으로 인하여 엔진의 출력 저하, 연비 감소 및 엔진 부하 등의 증상이 나타난다. 이러한 DPF의 고장을 미리 막기 위해서는 필터에 남은 '재'가 누적되면 결국 필터의 기능을 저하시키므로, 1년에 한 번 또는 10만 km마다 정기적인 클리닝을 실시하면 DPF의 문제점 및 성능저하를 감소시킬 수 있다.

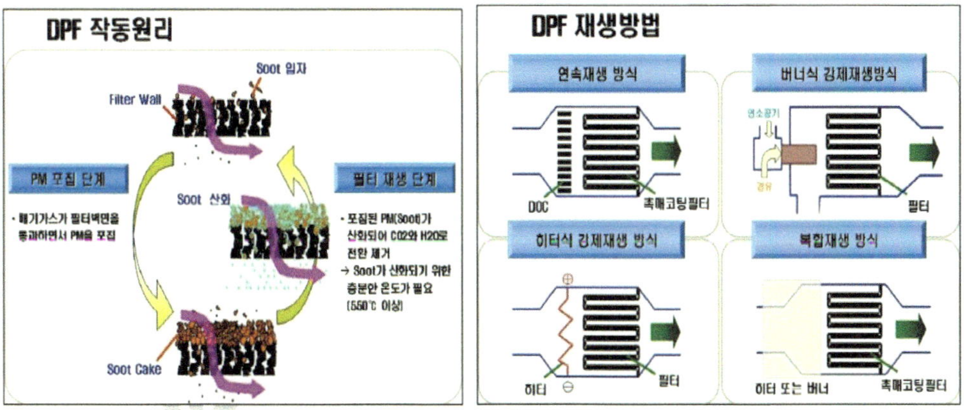

그림 1-39 DPF의 작동원리와 DPF 재생 방법[17]

[5] H_2-SCR

(1) H2 에너지의 수요 증가

국내에서 동력기계의 90% 이상을 차지하는 내연기관 자동차를 비롯하여 건설기계, 선박, 농기계 및 보일러 등에 대한 배기가스 규제가 더욱 더 강화되고 있다. 미래는 청정에너지원인 수소(H_2)를 제조하고 활용하는 기술이 각광을 받을 것으로 전망하므로 수소의 제조, 활용 기술은 습득이 중요하다. 2017년부터 국내외에서 차량 및 기계용으로 H_2-엔진이 연구개발 되었고, Euro 7를 에미션 충족을 위해 더욱 더 연구 개발 및 양산화에 박차를 가하고 있다.

그림 1-40은 최근에 개발되어 시판중인 H_2-엔진이 탑재된 승용차이며, 이산화탄소(CO_2)는 전혀 배출되지 않는 친환경내연기관 자동차이다. 연료 공급에너지는 수소(H_2)와 공기를 연소실에 공급하여 가솔린엔진 기반의 SI 연소방식을 채택하였다. 연료로 공급된 수천 ppm의 H_2와 NOx 및 H_2O가 배출되는 특성이 있다. 유독성 가스인 NOx 저감을 위한 H_2-SCR 후처리 촉매 개발과 H_2-엔진의 주행거리 증가와 직결된 H_2 탱크 충진율 향상을 위한 문제점을 극복해야만 한다.

그림 1-41은 전 세계 H_2-엔진 기술의 진행 개요를 나타내고 있다. 2017-2021년에는 소형 race car와 heavy duty급 H2ICE의 H_2-엔진을 개발하였다. 2022년도에는 Daimler 사에서 개발한 335kW급 H2ICE 엔진을 개발하였으며, 열효율이 44.5% 까지 향상된 친환경 고성능 H_2-엔진을 개발하였다. 또한 Cummins 6.7L H2ICE concept truck를 선보였다. 2023년도는 Scania 사에서 DAF HF H2ICE truck를 개발하였으며 열효율은 51.5%까지 향상시켰다. 2024-2025년도는 MAN사의 H2ICE truck를 개발하였고, Lighty-duty급 small size H2ICE 및 Keyou-Deutz 사의 7.8L H2ICE엔진을 개발하였다. 2027-2030년에는 Euro7/CARB27 규제를 충족하는 Cummins 사의 small series의 여러 H2ICE 엔진을 개발하여 선보일 예정이다. 이렇듯이 이산화탄소가 “0”로 배출되고 열효율이 대폭 향상된 H_2-엔진은 NOx 저감용 후처리촉매 개발과 H_2 충전율 문제점을 개선한다면, 친환경적이고 고도화된 엔진개발 기술을 그대로 사용이 가능하므로 경제성이고 실용적이다고 할 수 있다.

그림 1-40 H_2-엔진이 탑재된 수소 내연기관차[18)]

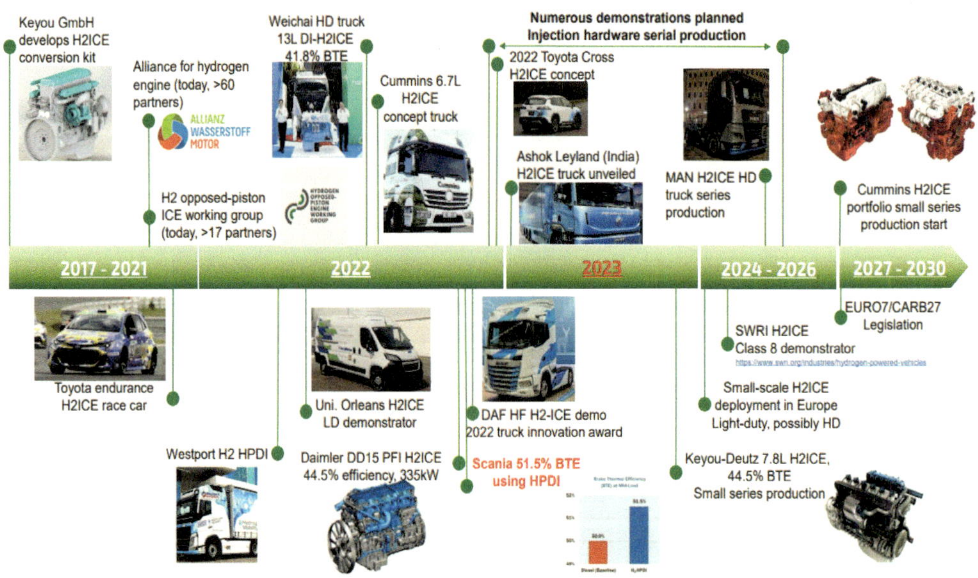

그림 1-41 전 세계 H_2-엔진 기술의 진행 개요[19)]

지구온난화를 야기시키는 가장 문제가 되는 이산화탄소(CO_2)가 전혀 배출되지 않는 청정 연료인 H_2를 이용하는 H_2-엔진과 수소연료전지 전기차(FCEV) 등 수소 에너지의 제조, 운송 및 활용에 대하여 관심이 증대되고 있다. 그 중 H_2-엔진은 연료 H_2를 분사(Si 엔진, 3~10bar)함에 따라 연소 후 완전 연소가 되면 H_2O, NOx, N_2, O_2 및 연소에 참여하지 못한 연료 H_2가 수천 ppm이 배출되고 있다. 질소산화물(NOx)는 WHO에서 정한 발암 물질이며, 슬립되는 H_2 연료는 저감되어야 하므로, 환원제 H_2를 이용하여 NOx를 저감시키는 H_2-SCR 촉매 개발은 중요하고 유망한 기술이며, 현재 활발하게 연구되고 있다.

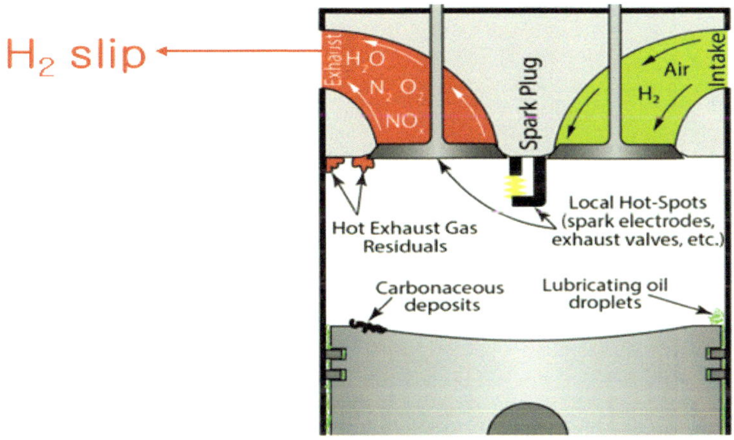

그림 1-42 H_2-엔진의 배출가스 특성[19]

(2) 내연기관의 배출가스 규제 강화

최근에 화석연료로부터 배출되는 물질이 지구온난화를 가속화하고 대기의 질을 악화시키고 있다. 자동차, 건설기계, 선박, 농기계 및 가정용 보일러에 대한 규제가 강화되고 있으며, 최근에는 대기관리권역 선구 확대로 지역 맞춤형 대기질을 관리하고 있다. 특히 미세먼지(PM)와 질소산화물(NOx)이 대기질 악화의 주요 오염원이며, 자동차 보다 사용 시간이 많은 난방·발전 장치의 오염물질 배출원 농도가 증가하고 있다.

그림 1-43은 서울시 오염물질 농도에 대한 배출원별 비중을 나타내고 있다. 서울지역의 초미세먼지의 발생 원인은 자동차보다 난방·발전 장치가 39%로 가장 높은 비중을 차지하고 있다. 또한 질소산화물(NOx)의 배출원은 난방 · 발전장치가 36%, 자동차(경유차포함)에서 46%를 배출하고 있다. 그림 1-44는 서울지역 초미세먼지(2.5) 발생 원인을 나타내고 있으

며, 가정용 보일러가 46%, 상업용 보일러가 14%로 가정용 보일러에서 초미세먼지 발생이 문제가 되고 있으며 후처리 촉매 개발이 절실하다.

표 1-3은 최근 강화된 대기관리권역별 가정용 보일러의 인증기준을 나타내고 있다. 기체연료와 액체연료에 따른 NOx와 CO의 배출 기준을 나타내고 있으며, NOx와 CO는 유독성 가스이므로 제로 에미션을 위해 후처리 촉매의 개발과 활용이 필요할 때다.

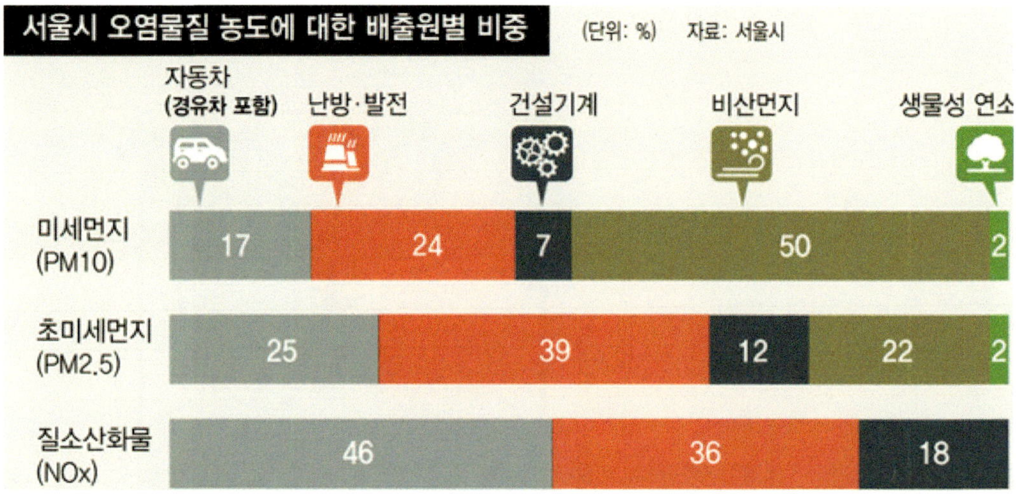

그림 1-43 서울시 오염물질 농도에 대한 배출원별 비중[20)]

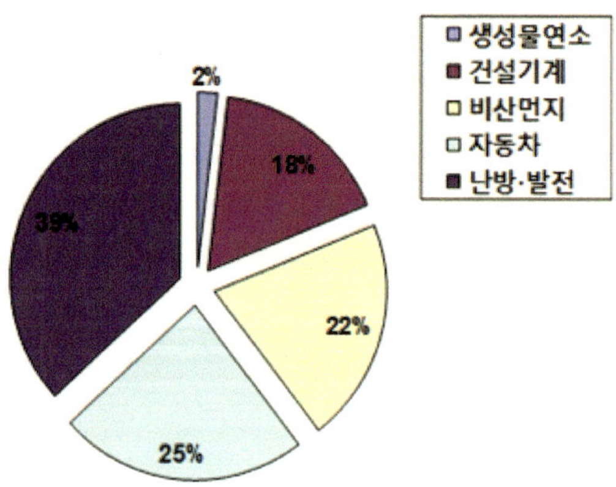

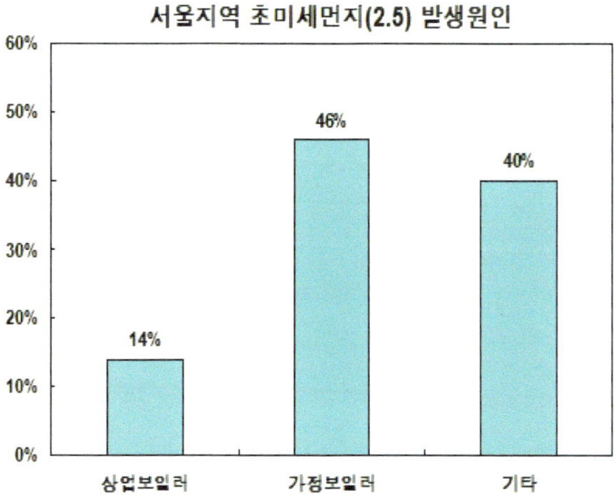

그림 1-44 서울 지역 초미세먼지 발생원인

표 1-5 대기관리권역 가정용 보일러 인증기준(2020.04.03.~)

항목	기체연료(1등급)	기체연료(2등급)	액체연료
질소산화물(NOx)	20(0) ppm 이하	40(4) ppm 이하	60(4) ppm 이하
일산화탄소(CO)	100(0) ppm 이하	120(4) ppm 이하	120(4) ppm 이하

(3) H2-SCR

향후 상용화될 H_2-엔진 및 가정용 보일러에서 배출되는 NOx와 CO를 저감하기 위해서는 환원제 수소(H_2)를 이용하여 NO_X와 CO를 동시에 저감시키는 후처리 촉매를 H_2 SCR(Selective Catalytic Reduction) 이라고 한다. 그림 1-45는 H_2-SCR의 산화/환원 반응 메커니즘을 나타내고 있다. 소량의 주촉매 Pt를 지지체(support)에 담지하여 NO와 CO를 산화시키며, NO는 질산염(nitrate)으로 흡장된다. 환원제 H_2가 공급될 때 H_2는 H 원자로 해리(decompostion) 되어 NOx는 N_2, H_2O로 환원시킨다. 촉매온도 125℃ 이하에서 de-NOx/CO 유해가스 저감 성능이 향상되며, 200℃ 이상에서 H_2 산화에 의해 유해 가스 성능이 감소하는 특성을 나타낸다.

그림 1-46은 H_2-SCR의 slow 반응 메커니즘을 나타내고 있다. H_2-SCR의 반응속도가 늦어지면, 아래 그림과 같이 H_2를 이용한 NOx 환원 시 중간 생성물(intermediate products)가 생성되면 유해가스 저감 성능이 저하될 수 있다. NO와 CO의 산화와 환원 반응식은 (1.20)–(1.25)에 나타내고 있다.

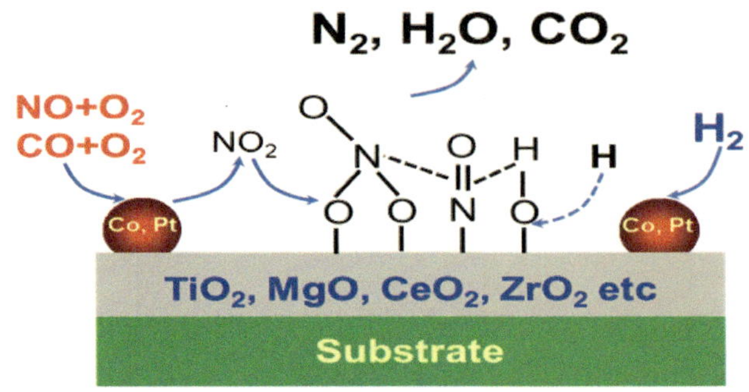

그림 1-45 H_2-SCR의 산화/환원 반응 메커니즘[21)]

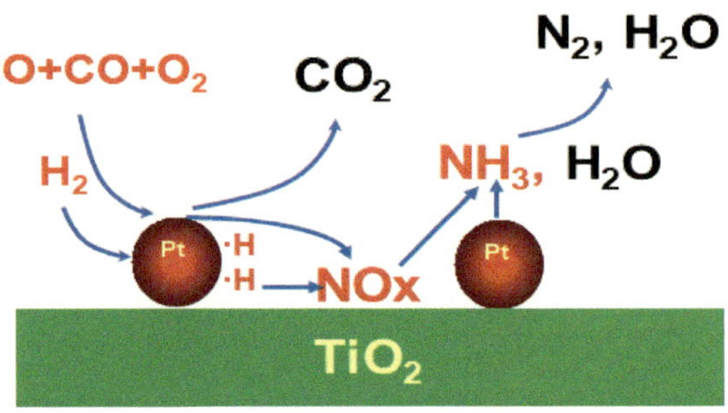

그림 1-46 H_2-SCR의 slow 반응 메커니즘[22)]

$$2NO+4H_2+O_2 \rightarrow N_2+4H_2O(\Delta H^\circ= -573.7kJ/mol) \quad (1.20)$$

$$2NO+3H_2+O_2 \rightarrow N_2O+3H_2O(\Delta H^\circ= -411.9kJ/mol) \quad (1.21)$$

$$H_2+1/2O_2 \rightarrow H_2O(\Delta H^\circ= -241.7kJ/mol) \quad (1.22)$$

$$CO+1/2O_2 \rightarrow CO_2(\Delta H^\circ= -283kJ/mol) \quad (1.23)$$

$$CO+1/2O_2 \rightarrow CO_2(\Delta H^\circ= -283kJ/mol) \quad (1.24)$$

$$CO+H_2O \rightarrow CO_2+H_2(\Delta H^\circ= -40.5kJ/mol) \quad (1.25)$$

그림 1-47는 H_2-SCR의 SEM/TEM 이미지를 나타내고 있다. 물리·화학적인 특성을 살펴보면, 지지체 TiO_2를 기반으로 주촉매(Pt)와 조촉매(CeO_2)의 담지로 H_2-SCR를 제조하며, TiO_2는 산화(oxidation)와 환원(reduction)능력이 우수하다. 촉매 구성 물질은 작은 입자로

분산(dispersion)이 잘되어야만 촉매 활성이 좋아진다. 그림 1-48은 H_2-SCR의 XRD/H_2-TPR 분석자료이다. XRD는 촉매 물질의 결정 구조를 파악할 수 있고, H_2-TPR은 온도 프로그램에 의해 환원제를 공급하면서 촉매 물질의 환원 특성을 파악할 수 있는 유용한 분석법이다. H_2-SCR의 지지체 TiO_2는 아나타제(Anatase) 결정 구조를 가지고 있으며, 루타일(rutile) 보다 활성이 좋은 결정 구조이다. H_2-TPR(Temperature-Programmed Reduction) 분석에서, H_2-SCR의 주촉매 Pt는 약 260℃에서 Pt^{4+}으로 환원되었으며, PtO 화합물보다 활성이 향상된다.

(a) SEM

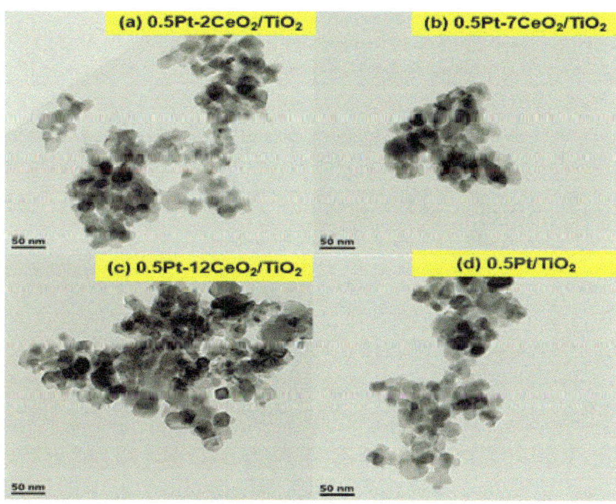

(b) TEM

그림 1-47 H_2-SCR의 SEM/TEM 이미지[23]

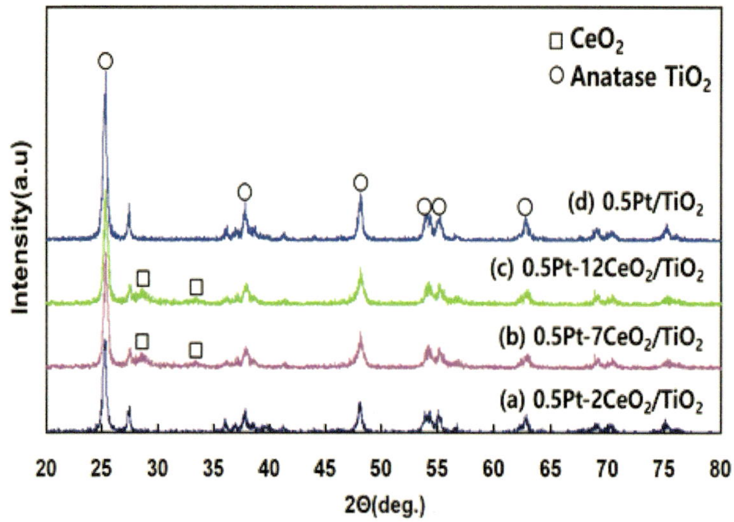

(a) XRD

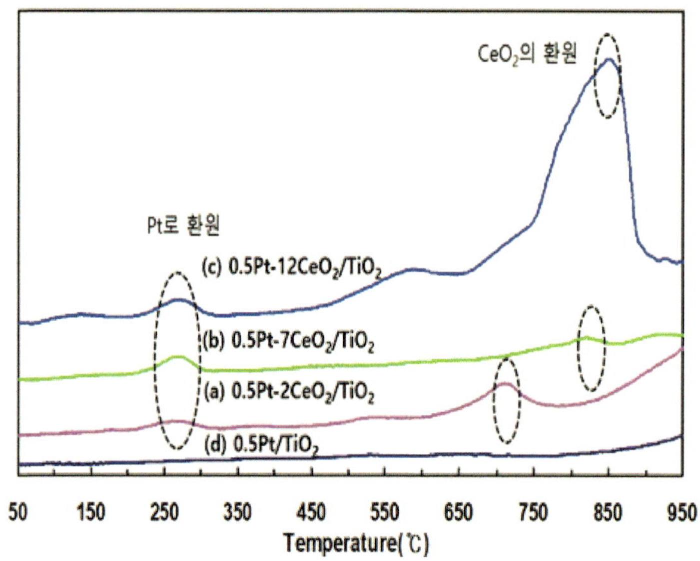

(b) H2-TPR

그림 1-48 H_2-SCR의 XRD/H_2-TPR[23)]

그림 1-49는 H_2-SCR의 NOx와 CO의 전환율을 나타내고 있다. 자동차 등 이동원에 장착되는 Urea-SCR은 전이금속(Cu, Fe, V)에 따라 유해가스 저감 성능이 다르지만, 약 150~250℃에서 촉매가 활성화되고 최고 NOx 정화성능을 보인다. 그에 반해 H_2-SCR 촉매

는 활성이 좋은 환원제 H_2로 인하여 125℃ 이하에서 NOx/CO 저감 성능이 향상된다. 150℃ 이상의 촉매온도에서는 환원제 H_2의 산화에 의해 de-NOx 성능은 감소하는 경향을 나타내고 있다. H_2 환원제 특성상 저온에서 유해가스 저감 성능 향상은 배출가스 온도가 낮은 보일러(100℃) 등에 활용이 가능하며, 중·고온에서도 de-NOx 성능과 window 폭 확대를 위한 연구개발이 절실하다.

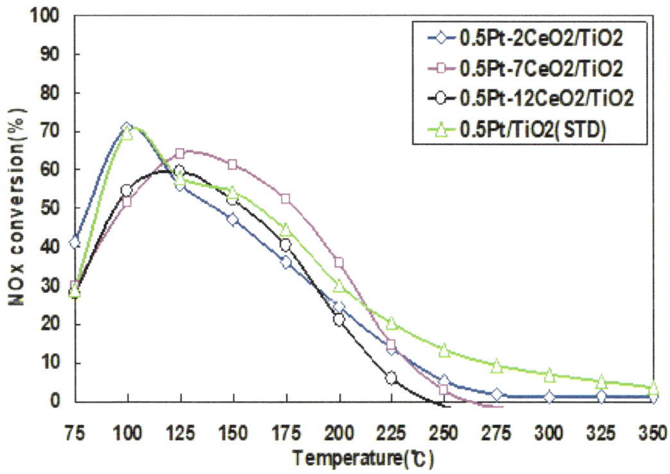

(a) NOx conversion

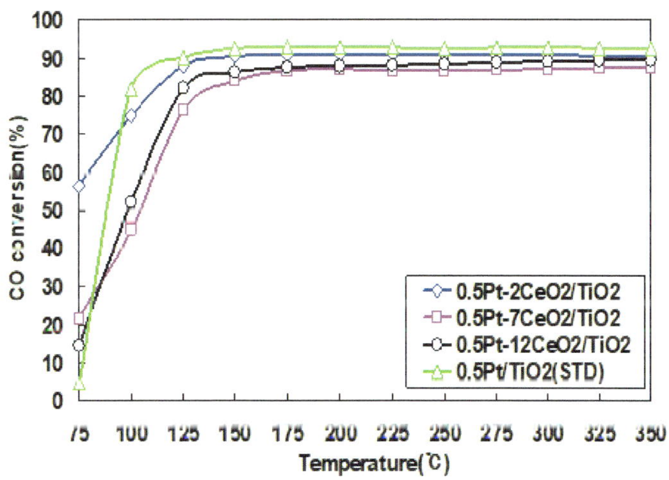

(b) CO conversion

그림 1-49 H_2-SCR의 de-NOx/CO 성능[23)]

□ 학습정리 □

☞ 에너지란 일을 할 수 있는 능력, 변화를 일으키는 능력을 말하며, 운동에너지와 위치에너지의 거시적인 에너지와 내부에너지의 미시적인 에너지로 구분되며, 유용한 잠재일이 얼마인지는 엑서지로 평가한다.

☞ 화합물이 공기 중 산소(O_2)와 반응하여 높은 열과 빛을 발산하면서 이산화탄소와 물 등의 산화 생성물을 만들어 내는 현상을 연소라 한다.

☞ 활성화에너지는 반응물이 가지고 있는 화학결합을 끊는 에너지이며, 화학 반응 속도론은 화학 반응의 속도에 영향을 주는지에 대해 연구한다.

☞ 화학 반응의 속도에 미치는 인자는 반응물의 농도, 온도, 촉매 및 반응물의 물리적인 상태에 따라 영향을 미친다.

☞ SI 엔진에서 고온에서 NO가 생성, 과농혼합비와 고온에서 CO가 생성되며 불완전 연소되면 HC가 생성한다.

☞ 디젤 엔진에서 연소실의 온도가 높은 분위기에서 NOx가 생성되며, 과농 혼합비에서 soot가 생성되어 trade-off 관계가 형성된다.

☞ 촉매란 반응과정에서 소모되거나 변화하지 않으면서, 다른 물질들이 반응하도록 중매 역할을 하며, 활성화에너지를 낮게 하거나 높은 경로 반응을 일어나도록 한다.

☞ LNT 촉매는 희박한 분위기에서 NOx는 알칼리 물질인 Ba 사이트에 흡장 (storage)되며, NOx 흡장량이 포화에 이르면 H_2 등 환원제 공급에 따라 Pt, Rh 귀금속에 의해 환원된다.

☞ Urea-SCR 후처리 시스템에서 고온의 배기관으로 분사된 urea 수용액은 H_2O 분해와 urea 열분해(thermal decomposition) 및 가수 분해(hydrolysis)을 경유해 NH_3를 생성하여 NOx를 환원시킨다.

☞ PM은 DPF 필터 벽면 통과 → soot 입자 trap → soot cake → 550℃ 이상 온도에서 soot 산화 → CO_2와 H_2O로 산화된다.

☞ H_2-엔진의 양산화를 위한 연구개발이 활발하게 진행 중이며, 배출되는 NOx와 슬립되는 연료 H_2를 동시에 저감시키는 H_2-SCR은 저온에서 활성이 좋은 후처리 촉매이다.

복습문제

1.1 에너지에 대해 설명하시오

(1) 에너지 정의

(2) 거시적인 에너지와 미시적인 에너지 구분

1.2 연소(combustion)를 정의하시오.

1.3 화학반응에 대해 정의하시오

(1) 발열반응과 흡열반응의 정의

(2) 결합의 형성과 파괴의 개념

1.4 화학반응 속도론에 대해 설명하시오

(1) 활성화 에너지의 정의

(2) 화학 반응속도에 미치는 인자

1.5 촉매(catalyst)에 대해 설명하시오

(1) 촉매 정의

(2) 촉매의 구성 요소의 설명

(3) 촉매의 제조법 이해

1.6 연소 방식을 설명하시오.

(1) 예혼합화염과 확산화염을 설명

(2) 촉매 연소의 개념

1.7 가솔린엔진의 오염 물질 배출 특성을 설명하시오

(1) CO, HC, NOx의 생성 메커니즘을 설명

1.8 디젤엔진의 오염 물질 특성을 설명하시오

(1) NOx의 생성 메커니즘을 설명

(2) PM의 생성 메커니즘을 설명

1.9 LNT 촉매를 설명하시오

(1) LNT 촉매의 작동 메커니즘을 설명

(2) NH_3 생성 메커니즘을 설명

1.10 Urea-SCR를 설명하시오

(1) Urea-SCR의 환원 반응의 메커니즘을 설명

(2) Urea-SCR의 종류에 대해 이해

1.11 Urea-SCR 촉매의 Fast reaction 화학식을 쓰고 반응 특성을 쓰시오

1.12 DPF에 대해 설명하시오

(1) 매연의 생성 원리를 이해

(2) DPF의 작동 메커니즘을 설명

1.13 H_2-SCR에 대해 설명하시오

(1) H_2-엔진의 특성을 이해

(2) H_2-SCR의 작동 메커니즘을 설명

chapter 1 참고문헌

[1] Cengel, Thermodynamics, 2021

[2] https: ko.wikipedia.org/wiki/화학반응속도론

[3] 서충길, 수소-선택적인 환원촉매의 알칼리 금속 담지에 따른 질소산화물과 일산화탄소 저감에 미치는 영향, 동력시스템공학회지, 제28권, 3호, 2024

[4] B. C. Choi(2000), "Technologies for emissions Aftertreatment"

[5] J. B. Heywood(1988), "Internal combustion engine fundamentals"

[6] https://terms.naver.com/entry.naver?docId=1981960&cid=42331&categoryId=42333

[7] B.C. Choi(2000), "Technologies for emissions Aftertreatment"

[8] J. B. Heywood(1988), "Internal combustion engine fundamentals"

[9] C. K. Seo and J. Y. Bae(2014), "Effect of hollow silica support on the reduction performance of harmful gases of 3Pt-2MgO-3ZrO_2-2CeO_2 for DOC, No. 20, 3053-3060

[10] 이춘범, Green car 부품기술 및 산업동향기술, 자동차부품연구원

[11] C. K. Seo(2012), "A Doctoral dissertation"

[12] https://www.infineuminsight.com/en-gb/articles/euro-7-emission-standards/

[13] https://www.autoview.co.kr/news/articleView.html?idxno=55385

[14] https://www.etoday.co.kr/news/view/12239208

[15] Nature, Catalytic converter clean up, 2005.04.29.

[16] https://namu.wiki/w/DPF

[17] https://blog.naver.com/hicx1004/221191263533

[18] https://www.wikitree.co.kr/articles/785565

[19] Ales Srna, "Overview of Hydrogen Internal Combustion Engine(H2ICE) Technologies",2023. p.17

[20] SM Future, https://zinle.tistory.com/782, 2024.07.09.

[21] C. K. Seo, "H_2-SCR의 프로필렌 공존과 공간 속도에 따른 유해가스 저감 특성', 2023.9.4.

[22] C. K. Seo, "Simultaneous Reduction of NOx and CO Harmful Gases According to the Promoters and Support Types of H_2-SCR Catalyst, 2024, p. 166.

[23] C. K. Seo, "Improvement of NOx and CO Reduction Performance at Low Temperature of H_2-SCR Catalyst, 2022. p. 2-4.

CHAPTER 02

전기자동차(EV) 공학

학습목표

- 전기자동차의 작동 메커니즘을 이해 할 수 있다.
- 전기자동차의 구조 및 BMS, PDU의 핵심 기술을 이해하고 설명할 수 있다.
- 전기자동차의 배터리 작동원리를 설명할 수 있다.

2.1 전기자동차의 작동 메커니즘

[1] 전기자동차 개요

(1) 친환경자동차의 정의

에너지 소비 효율이 우수하고 무공해 또는 저공해 기준을 충족하는 자동차로, '그린카'라고도 하며, 환경 친화적 자동차의 개발 및 보급 촉진에 관한 법률' 에 따르면 전기자동차(EV), 태양광자동차, 하이브리드자동차(HEV), 수소연료전기자동차(FCEV)등이 해당된다.

그림 2-1은 친환경 자동차를 설명하고 있으며 엔진과 구동 모터의 구동에 따라 HEV, PHEV, EV, FCEV로 구분된다. EV와 FCEV는 전기충전 및 연료전지(Fuel Cell)에서 발생된 전기를 이용하여 자동차의 구동 모터를 작동시키는 전기차이다. 반면에 엔진과 구동 모터의 조합하여 실용적으로 사용할 수 있는 HEV와 PHEV 자동차도 최근 시장의 요구가 지속적으로 증가하고 있다.

구분	하이브리드(HEV)	플러그 인 하이브리드 (Plug-in HEV)	전기차(EV)	수소차(FCEV)
구성		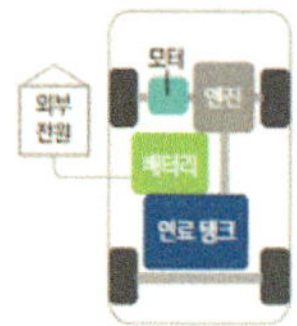	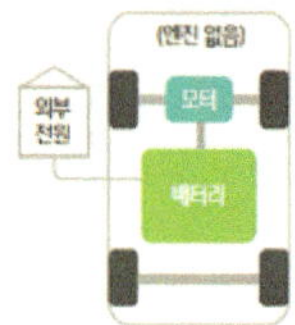	
구동 원리	연료 엔진(주)과 모터(보조) 조합	모터(주)와 연료 엔진(보조) 조합	모터(외부에서 전기 충전)	모터(수소와 산소의 전기화학반응으로 전기 발생)
연료	화석연료, 전기	전기, 화석연료	전기	수소
배터리	0.9 ~ 1.8kWh	4 ~ 16kWh	10 ~ 30kWh	0.9 ~ 1.8kWh
특징	ㅇ연비가 내연기관차 보다 우수하고 유해 가스 배출량이 적음 ㅇ내연기관차 대비 구조가 복잡함	ㅇ하이브리드 자동차와 전기차의 장점을 결합한 자동차 ㅇ연비가 내연기관차 보다 우수하고 유해 가스 배출량이 적음 ㅇ내연기관차 대비 구조가 복잡함	ㅇ연료비가 휘발유차 대비 약 20~30% 저렴함 ㅇ엔진이 없어 소음 및 진동이 적고, 배출가스가 발생하지 않음 ㅇ충전시간이 오래 걸림	ㅇ충전 소요시간이 5분 이내로 짧고, 장거리 운행이 가능함 ㅇ배출가스가 발생하지 않음 ㅇ연료공급 인프라의 신규 구축이 필요함

그림 2-1 친환경자동차[1)]

(2) 친환경 자동차의 배경 및 역사

1) 전기자동차 개발 배경

전기자동차가 개발된 초기에는 내연기관 보다 고가이면서, 배터리 제조 기술수준이 낮아서 충전량이 적고, 최고 속도는 약 30km/h 수준으로 불편하여 내연기관에 비해 수요가 턱없이 낮았다. 내연기관의 지속적인 발전 및 시장의 수요가 증가하여 화석연료 사용에 의한 CO_2 배출량이 증가하여 이상기후가 빈번하게 일어났고 유해가스로 인하여 환경오염과 대기질을 악화시켰다. 이러한 문제점이 이슈화되면서 전기자동차에 대해 1960년 이후로 연구를 시작하였다. Euro 및 미국 등 선진국들의 내연기관에 대한 엄격한 배기가스 규제로 1990년대에 전기차 개발에 박차를 가하였고, 2000년도 초반에는 전기차 완성업체인 'TESLER'를 필두로 혁신적인 전기차를 양산하여 전기차 대중화의 기폭제가 되었다.

그림 2-2는 전기자동차의 개발 배경을 나타내고 있다. 대기오염으로 인한 자동차의 유해 배기가스(HC, CO, NOx, PM, SOx 등)의 규제가 엄격하게 강화되고, 지구온난화로 인한 동력시스템의 저 연비화 및 석유자원 고갈로 대체에너지 개발이 필요해짐에 따라 전기자동차 및 HEV 개발이 필요하였다.

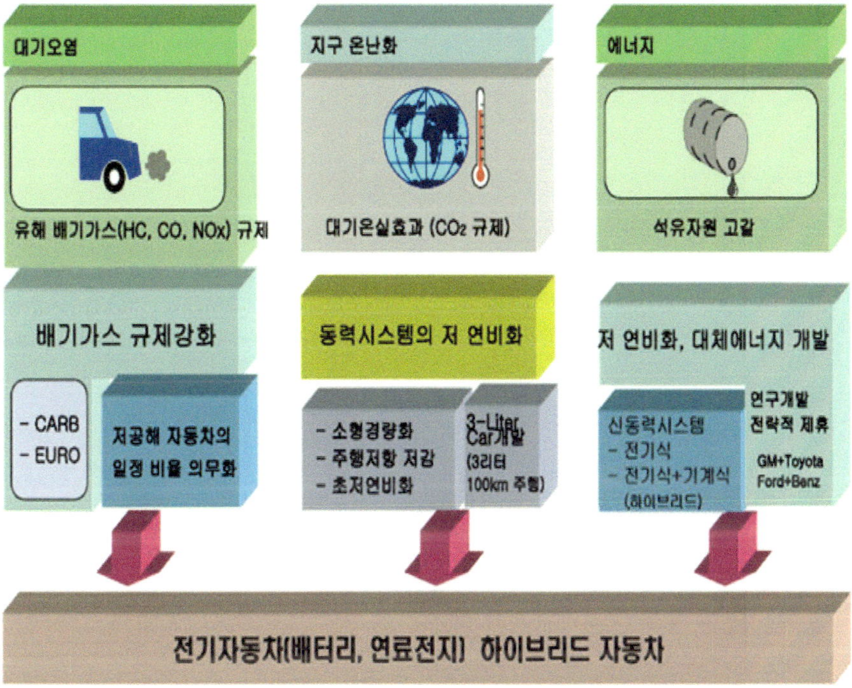

그림 2-2 전기자동차 개발 배경[2)]

2) 전기자동차의 역사

전기자동차는 1832년 로버트 앤더슨 원유전기마차를 개발하는 것을 필두로 미국과 독일에서 전기차를 연구 개발하여 상용화 하였으나, 내연기관에 비해 실용성이 떨어짐에 따라 1913년 전기차 생산 및 판매의 정점을 찍었다. 1912~1996년까지는 전기차 암흑기를 거쳐 2008년에 테슬라 로드스터를 출시하면서 2012년부터는 글로벌 자동차 완성차 업계에서 전기차를 본격적으로 출시하고 있다.

그림 2-4는 자율주행자동차의 역사를 보여주고 있다. 1925년 프란시스가 원격조종 자동차를 개발한 것으로 역사는 거슬러 올라가며, 이를 기점으로 다양한 자동차업체들이 자율주

행 자동차에 대해 관심을 표방했으며, 최근에는 구글이 자율주행 자동차의 연구에 돌입한 게 큰 획을 그었다. 전기자동차 기반에 자율주행자동차의 기술수준을 Level-5까지 끌어올리려는 연구개발이 진행되고 있다.

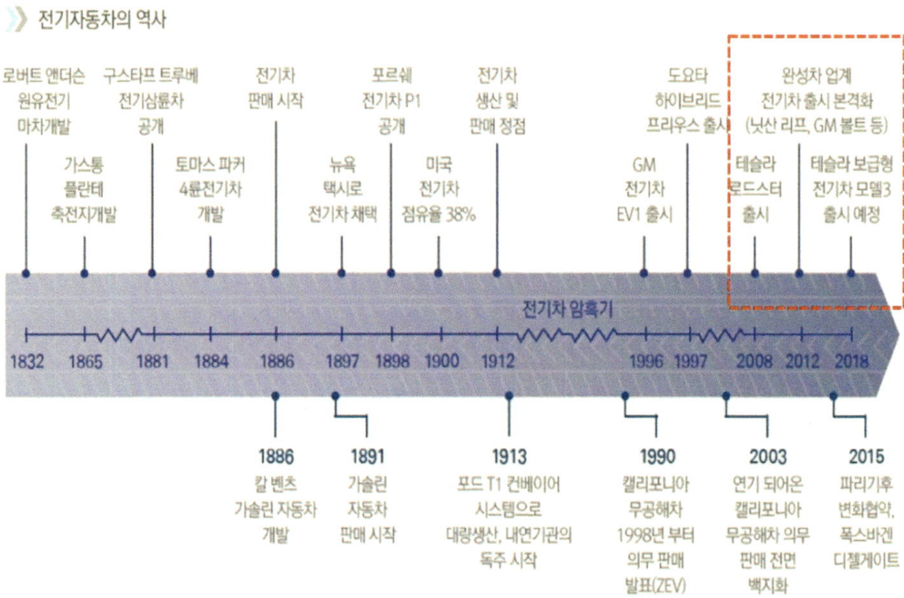

그림 2-3 전기자동차의 역사[3)]

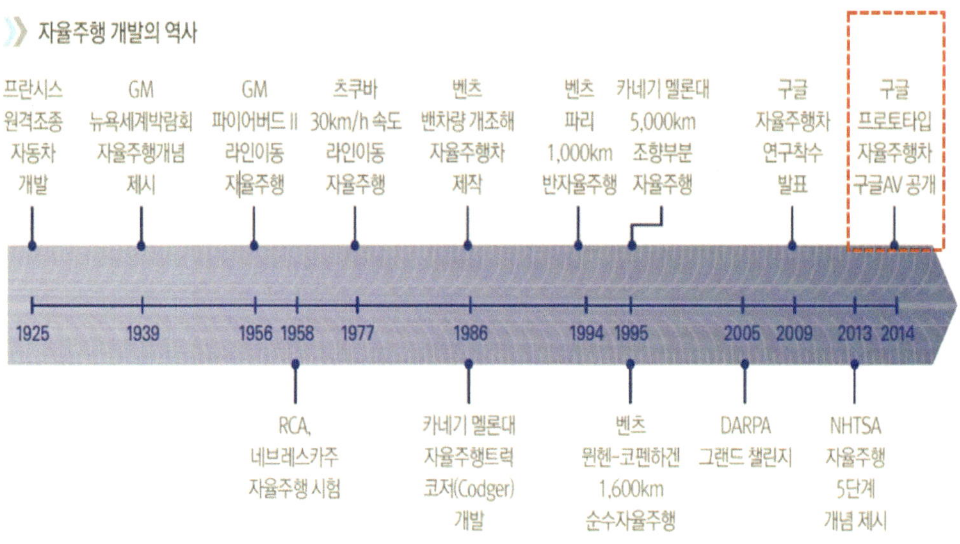

그림 2-4 자율주행자동차의 역사[3)]

[2] 전기자동차의 작동메커니즘

(1) 전기자동차의 작동메커니즘

전기자동차는 동력원으로는 배터리를 사용하며, 배터리 DC-AC로 전환해주는 인버터(inverter), 배터리의 전원을 제어해주는 BMS, 주행을 도와주는 구동 모터&감속기로 구성되어 있다. 그림 2-5는 전기자동차의 구성 부품을 나타내고 있으며, 동력이 전달되는 순서는 아래와 같다. 충전된 배터리는 DC 전원이며 전원 차단 기능을 하는 PRA를 통과한 후, 인버터를 경유 한 후 구동 모터를 작동한다. 반대로 제동 및 감속 시에는 회생제동브레이크가 작동하여 발전을 하여 전력 효율 높이는 시스템으로 구성되어있다.

* 배터리(BMS, 배터리관리시스템) → PRA → 고전압 정션박스 → EPCU(MCU) → 인버터 → 모터(스테이터 코일) → 감속기(차동기어) → 엑슬축 → 타이어

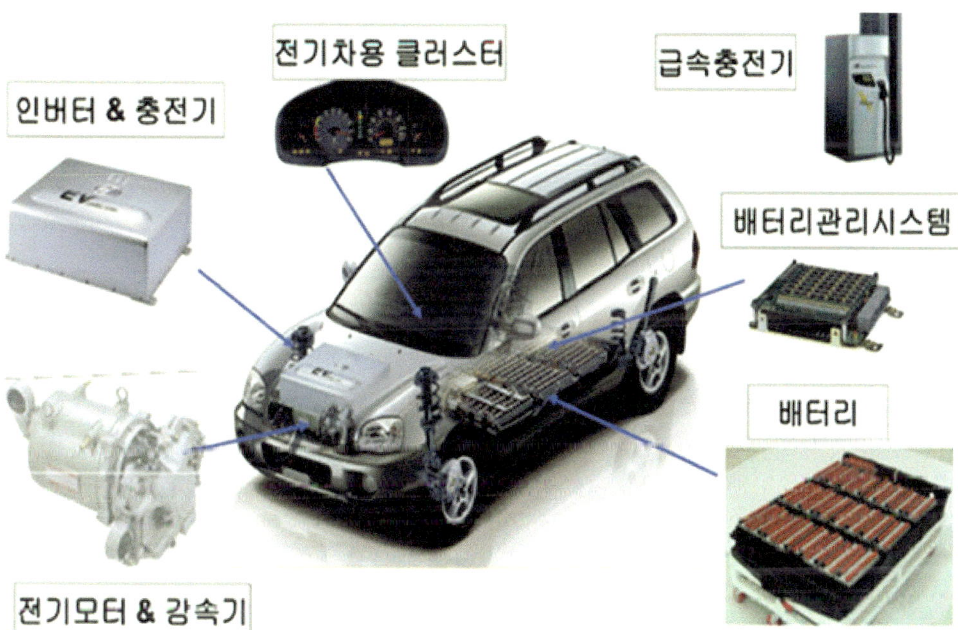

그림 2-5 전기자동차의 구성 부품[2)]

전기자동차 주행은 그림 2-6에서 볼 수 있듯이 출발과 가속은 배터리의 전기에너지로 인버터와 구동 모터, 감속기를 경유하여 주행하며, 감속은 회생 제동장치를 이용하여 에너지 효율을 증대시킨다. 저전압으로 충전하는 완속 충전 방식(OBC 경유)과 고전압으로

급속 충전하는 방식으로 구분이 된다. 배터리의 안전한 관리 측면에서는 완속 충전 방식이 유리하며, 급속 충전은 가스 발생 등 고전압 배터리 소재에 무리가 갈 수 있다.

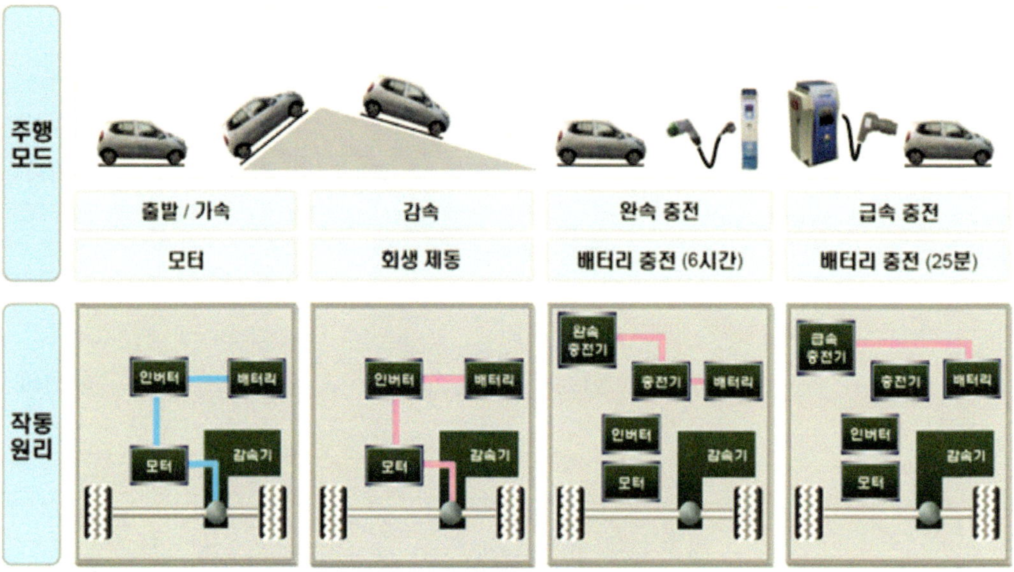

그림 2-6 전기자동차의 주행

(2) 전기자동차의 부품 역할

배터리는 전기자동차의 에너지원으로써 전기에너지를 저장 및 공급하는 핵심 부품으로써, 전기자동차 가격의 약 50% 수준으로 고가이다. 구동 모터는 배터리에서 발생된 전기를 공급받아 토크(회전력)로 변화하여 구동력을 발생한다. 인버터는 배터리의 직류 전원(DC)을 교류 전원(AC)으로 변환하여 전기자동차의 구동 모터의 속도를 제어하여, 가속과 감속 명령을 담당하므로 전기차의 운전성을 높이는 데 중요한 역할을 담당한다. 회생제동장치는 전기차의 제동 및 차량 감속 시 구동 모터가 발전기로 전환되어 잔여 구동력으로 전기를 발생하여 배터리에 충전하는 장치로써 전기 에너지 효율 증대시킨다(운동에너지→전기에너지).

배터리관리시스템 BMS(Battery Management System)은 배터리의 전압, 전류, 온도 등을 센서를 통해 측정하여 제어 로직에 따라 배터리를 관리하는 시스템이다(과충전, 과방전, 과전류, 단락보호기능 등). 급속충전기는 배터리 충전장치로써 220V, AC 전원으로 완속충전(OBC 경유)과 고전압 급속충전장치(380V, 860V)로 구분한다. 전기자동차에 내장된 충전기 OBC(On Board Charger, 정류장치)는 AC→DC로 변환하여 배터리에 전기에너지를 저장한다. OBC는 크게 DC-DC 컨버터와 AC-DC 컨버터로 구성된다. DC-DC 컨버터는 차량의 배터리 전압을 충전기의 입력 전압으로 변환하는 역할을 한다. AC-DC 컨버터는 전기 콘센트의 전압을 충전기의 입력 전압으로 변환하는 역할을 담당한다. OBC의 출력 전압은 일반적으로 200~400V이며, 전기자동차의 배터리 전압(350~450V)과 비교하면 낮은 편이지만, 충전속도는 느리고 OBC로 충전할 경우 약 4~8시간이 배터리의 완충할 때 소요된다. 저전압 직류변환장치LDC(Low Voltage DC-DC Converter)는 저전압직류변환기로써 고전압배터리 등에서 축전된 전기에너지를 저전압으로 변환하여 12V 배터리에 충전 및 차량 전장부하 동작전원에 공급한다.

그림 2-7 LDC 실물 사진[4)]

2.2 전기자동차의 구조

[1] 전기자동차의 구조

전기자동차는 내연기관과는 달리 배출되는 유독성 가스가 전혀 없는 친환경자동차로써 동력원인 엔진 역할을 배터리가 담당하며, 구동 모터를 작동하여 운행하는 구조로 되어있다. 동력전달장치, 전기장치 및 바디 등 섀시 장치로 구성되어 있다.

(1) 전기자동차의 세부 구조

전기자동차는 그림 2-8에서 볼 수 있듯이 고전압배터리, 인버터, 구동 모터, 감속기(차동기어), OBC와 제어장치, 냉난방장치 및 전장장치로 구성되어 있다. 고전압배터리는 전기모터에 직류 300V 고전압 전기에너지를 공급하고 회생 제동, 급속 충전, 완속 충전시 발생된 전기에너지를 저장한다. 파워릴레이 어셈블리 PRA(Power Relay Assembly)는 고전압배터리의 전력을 모터와 인버터 등 고전압 부품에 공급하거나 차단하는 핵심장치이며, 급속 충전 시 고전압 배터리제어 유닛 BMU(Battery Management unit)의 신호를 받아 고전압 배터리에 충전될 수 있도록 전원을 연결한다.

그림 2-9는 전기자동차의 세부구조를 나타내고 있다. 배터리 동력원부, 차량의 바디를 기초로 동력전달장치(구동모터-감속기)를 포함한 섀시부, 전기장치 및 제어장치부로 구성되어있다. 전장장치는 내연기관보다 큰 전력을 사용하며 냉난방 장치는 오직 전기에너지를 사용하며 전력 소모가 크다.

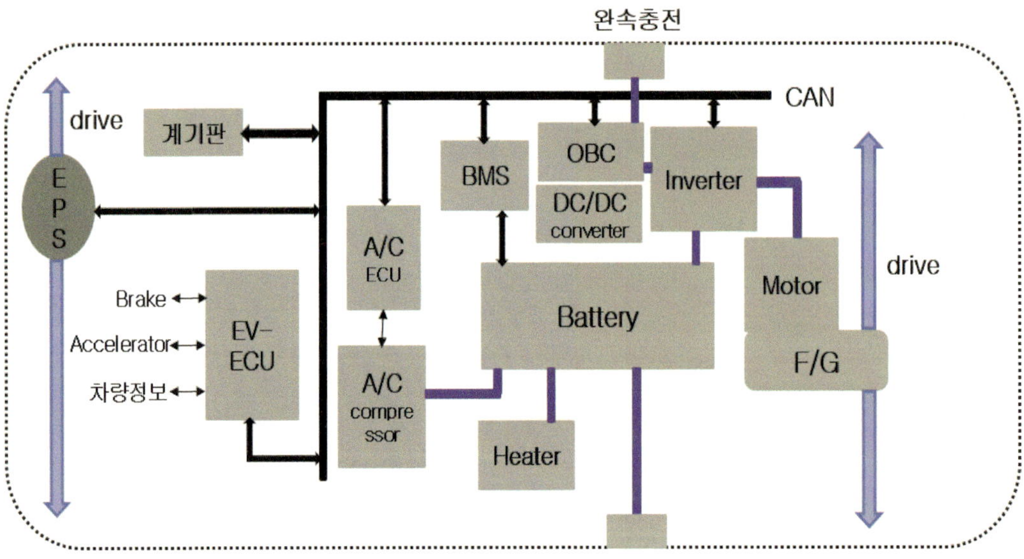

그림 2-8 전기자동차의 구조 개략도

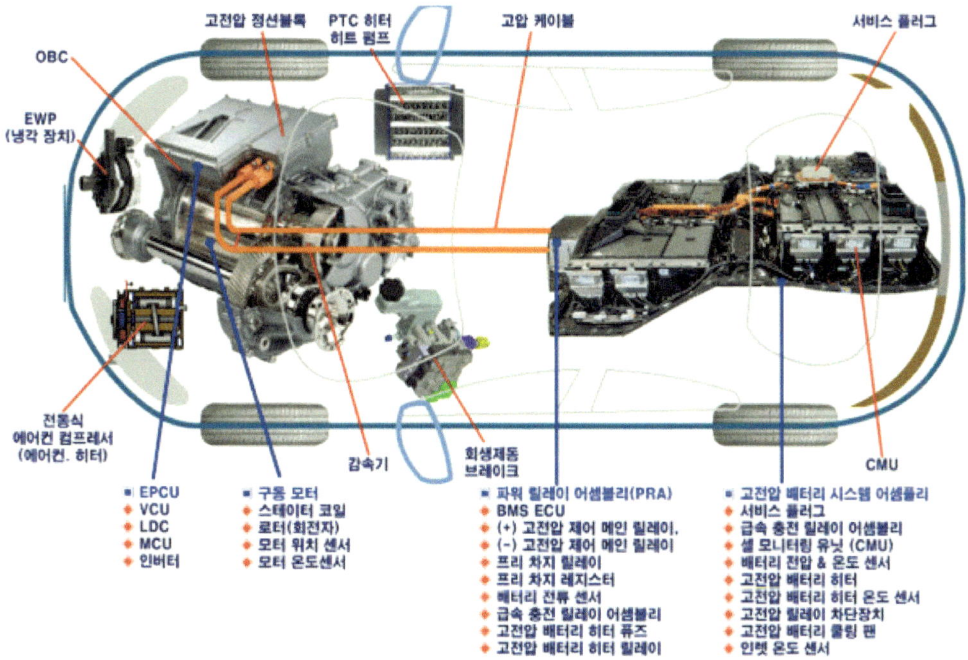

그림 2-9 전기자동차의 세부 구조[5)]

그림 2-10은 전기자동차 제어장치의 제어경로를 나타내고 있다. 공조부하제어는 전자동 온도조절시스템 FATC(Full Automatic Temperature Control)는 운전자의 냉·난방 요구(AC SW)시 최상위 차량제어장치 VCU에 AC/PTC의 요청 파워를 송신한다. 전장부하제어는 배터리 고전압을 12V로 변환하여(LDC) 보조배터리 충전 및 전장에 전원을 공급하는 장치(내연기관의 발전기 기능수행)이다. 여기서 챠량제어장치 VCU(Vehicle Control Unit)는 차량제어기로써 주행상태판단, 토크 제어 등 차량 주요 명령을 전송하는 기능을 한다. 전기차는 고전압 배터리, 인버터, 모터, 감속기, OBC, 제어장치, 냉난방 장치 및 전장 장치로 구성되어 있으며, 고전압배터리가 가장 중요한 역할을 담당한다.

전력제어장치 EPCU(Electric Power Control Unit, 전력제어장치)는 전력변환시스템으로 인버터, LDC(저전압전류변환장치), VCU(Vehicle Control Unit, 차량제어장치)가 통합된다. 배터리는 구동 모터에 직류 360V 고전압의 전기에너지를 공급하여 자동차를 구동하며, 셀과 모듈 및 팩으로 구성되어 있으며 리튬이온폴리머(Lithium-ion Polymer Battery)가 다용된다. BMS와 PDU는 중요한 배터리 상태 진단·제어 및 전원을 각 부품에 공급하는 전기차의 중요한 역할을 담당한다.

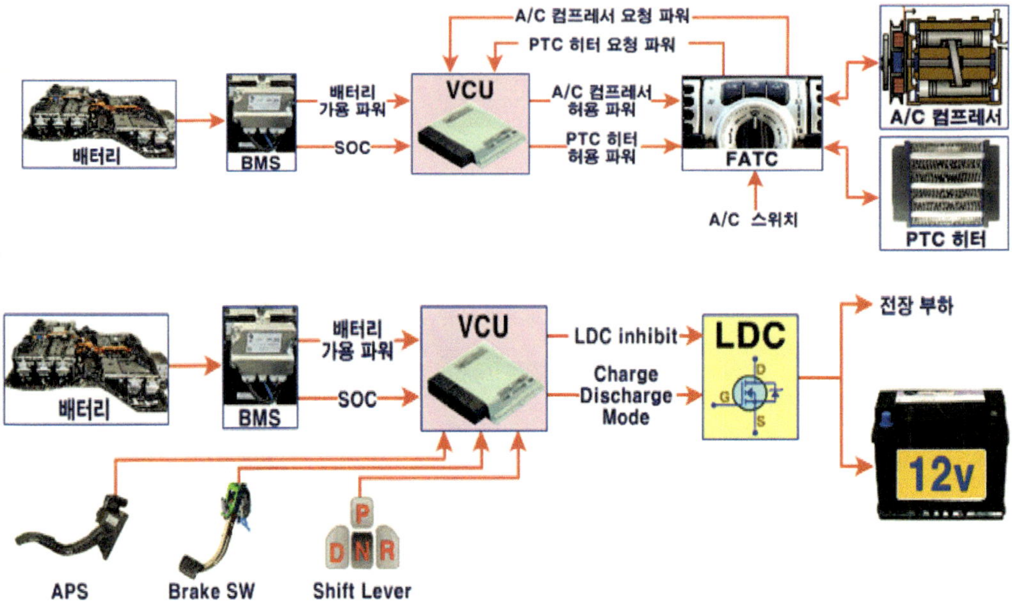

그림 2-10 전기자동차의 제어장치의 경로[5)]

[2] BMS와 PDU

(1) BMS

전기차의 배터리관리시스템 BMS(Battery Management System)는 배터리의 전압, 전류와 온도를 실시간으로 관리하며, 관리 현황을 관리자에게 즉각적으로 전송해 배터리에서 발생할 수 있는 문제를 방지해 배터리의 안정성과 수명을 높여주는 시스템이다. 그림 2-12는 BMS의 내부 구조 및 모니터링 시스템을 보여주고 있다. BMS는 크게 셀(cell), 모듈(module), 팩(pack), 공간(space)으로 구성되어있다. 셀에는 양극, 음극, 격리판, 전해질로 구성되어 있으며, 모듈은 셀이 조합되어 묶음으로 되어있고 열관리 시스템이 장착되어 있다. 팩은 배터리 완성 형태로 되어있으며, pack control, venting system 및 다중 센싱 장치가 부착되어 있다.

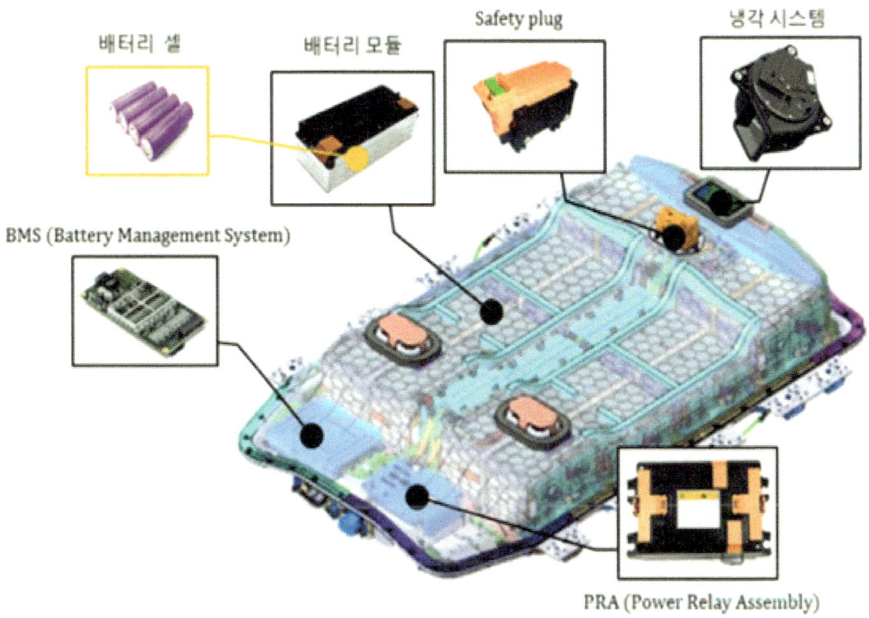

그림 2-11 BMS의 위치[6)]

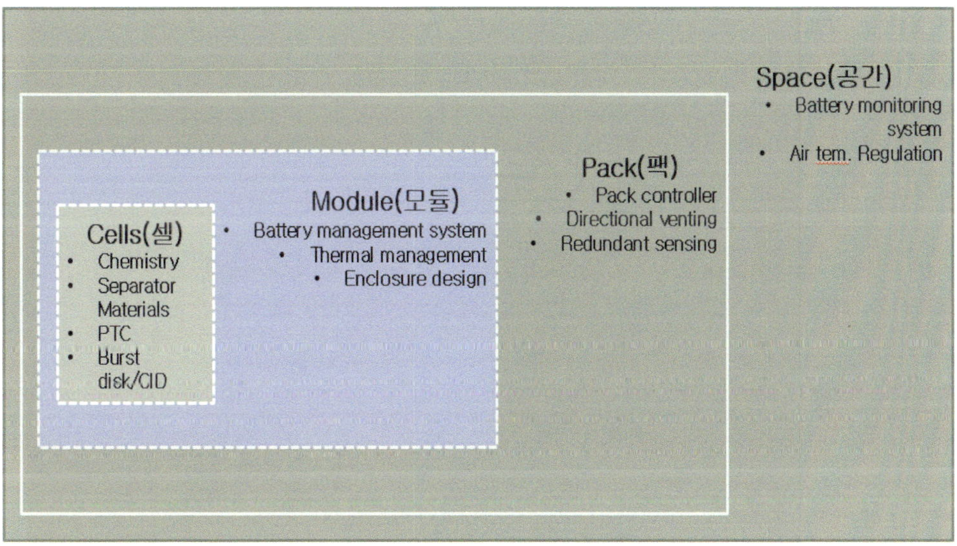

그림 2-12 BMS의 내부 구조

그림 2-13은 BMS의 제어 역할을 나타내고 있다. BMS의 SOC 추정은 배터리의 전류/전압/온도를 측정하여 배터리 충전량을 추정한다. Battery cell에서 발생되는 전압을 밸런싱 조정하며 전기화학반응으로 인한 셀 온도를 측정한다. 과전압, 과전류, 과온 등을 검출하고

제어한다. 파워제한 기능은 배터리 과충전 및 과방전을 방지하는 제어기능을 하며, PRA 및 냉각 제어를 통하여 배터리의 전력과 열을 최적으로 관리하고 제어하는 중요 기능을 담당한다.

Function	Explanation
SOC(State of Charge) 추정	배터리의 전류/전압/온도를 측정하여 SOC 추정
Battery cell 관리	각 셀의 전압 밸런싱 조정, 셀 온도 측정
진단	과전압, 과전류, 과온 검출 및 전력 출력 제어
파워제한	배터리 과충전 및 과방전 방지
PRA 제어	고전압 배터리와 전력변환장치 전원 공급 및 차단제어
냉각 제어	화학반응으로 인한 배터리 열을 최적 냉각시스템을 제어

그림 2-13 BMS의 제어 기능

(2) PDU

전기차의 전력분배장치 PDU(Power Distribution Unit)는 대용량 배터리 전원을 각 부품에 맞게 분배하는 역할을 하는 전기자동차의 중요 부품이며, 전원장치로부터 전력을 공급받아 전장부품과 등화류에 전원을 공급하는 부품이다. 그림 2-15의 PDU의 제어 개략도에서 전기차의 구동 모터, 냉난방장치, 조향 및 에어 펌프 등 전장장치에 전원을 공급하고 제어하는 기능을 담당한다. Battery의 전원을 모터 등 필요 전력을 적절하게 공급하며 전원이 많이 필요로 하는 냉난방장치, 조향장치(steering unit) 등에 PDU 역할은 중요하다.

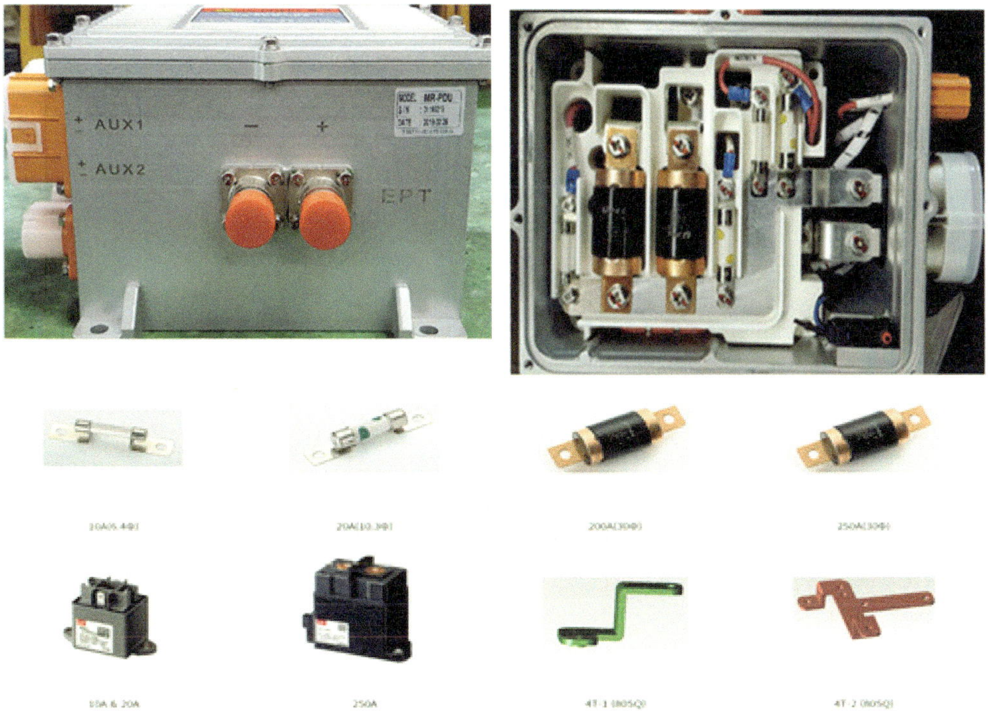

그림 2-14 PDU 이미지[7)]

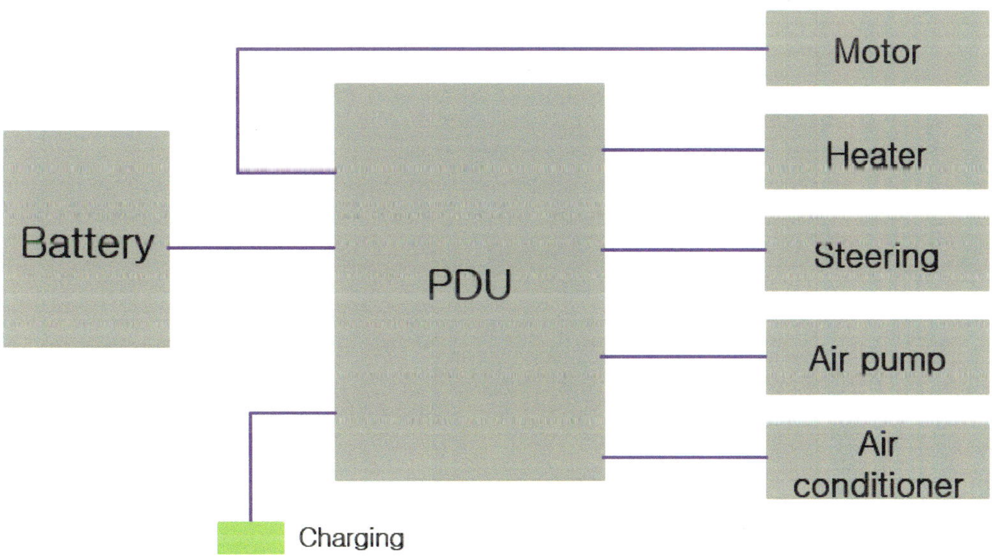

그림 2-15 PDU의 제어 개략도

2.3 전기자동차의 배터리의 이해

[1] 배터리의 종류

(1) 자동차 배터리의 구비 요건

에너지(energy)는 사용할 목적에 따라 여러 방식으로 저장이 가능하다. 열적(열 저장기) 방법, 화학적(휘발유 등) 방법, 기계적 방법(엔진의 fly wheel), 유체적(축압기, accumulator) 방법 및 전기 화학적인(배터리) 방법으로 구분 할 수 있다. 현재 다용되고 있는 내연기관 및 친환경자동차(HEV, EV, FCEV)에 사용되고 있는 배터리(축전지)는 전기 화학적인 방법으로 에너지를 저장(storage)하고 있다. 여기서 축전지(battery)는 한번 사용한 후에도 충전을 통해 재사용이 가능한 전지, 흔히 2차 전지를 배터리라고 한다.

자동차 배터리의 구비 요건은 많은 전기에너지 저장이 가능하도록 배터리 용량이 커야 한다. 자동차의 연비와 연관되어 있으므로 가볍고, 소형이며 운반이 편해야 한다. 진동(vibration)에 대한 내구성이 확보되어야 하며, 전기적인 절연이 잘되며, 전해액(electrolyte)의 누설이 안 되어야 한다. 비에너지(Wh/kg), 에너지 밀도(Wh/l), 비출력(kW/kg)이 커야 한다. Cost가 저렴하고 사이클 수명(life cycle)이 길어야 하는 구비 요건을 충족해야 한다.

* 비에너지(specific energy, gravimetric)(Wh/kg): 에너지 저장장치의 무게를 기준으로 하는 에너지의 저장 능력
* 에너지밀도(Wh/I): 축전지의 공간체적 당 에너지 저장 능력
* 비출력(Kw/kg): 축전지의 단위 질량당 출력

표 2-1은 축전지의 에너지 저장 방법에 따른 에너지 밀도값을 비교하였다. 수소, 휘발유 및 경유가 이론적으로 에너지 밀도가 높다. 휘발유와 경유가 실제에너지 밀도값 또한 높아서 실제/이론 효율이 76.9%를 나타내지만, 수소는 실제에너지 밀도값이 낮은 편이므로 실제/이론 효율은 15.0%에 미친다. 물질에 따라 에너지 밀도가 클수록 에너지 저장량이 많아 실용적이다.

표 2-1 축전지의 에너지 저장 방법에 따른 에너지 밀도값 비교[8)]

연료 및 에너지 저장장치	이론 에너지 밀도 (Wh/kg)	실제 에너지 밀도 (Wh/kg)	실제/이론
휘발유	12,083	9,295	76.9%
경유	11,806	9,081	76.9%
에탄올	7,436	5,788	77.8%
수소(-253℃)	33,333	5,000	15.0%
Ni-MH	380	80	21.0%
Li-ion	500	180	36.0%
NaS	790	120	15.2%
Super Cap	5.5	6	109.0%
납-축전지(젤리)	170	50	29.4%

(2) 배터리의 종류

배터리의 종류는 배터리를 구성하고 있는 물질에 따라 여러 가지로 구분할 수 있다. 그림 2-16은 여러 배터리의 종류를 나타내고 있다. 일반 자동차용 납산 배터리, 니켈 카드뮴(Ni-Cd) 배터리, 니켈 수소(Ni-MH) 배터리, 리튬이온(Li-ion) 배터리, 현재 다양하게 사용되고 있는 리튬이온폴리머(Li-ion polymer) 배터리로 구분할 수 있다. Anode(+)와 Cathode(-) 및 전해질의 종류에 따라 에너지 밀도와 안정성 및 용도가 다양해진다.

그림 2-17은 최근에 다용되는 있는 리튬-이온(폴리머) 배터리의 특성을 나타내고 있다. 리튬-이온(폴리머) 배터리는 안정성이 높고 에너지 효율이 좋은 고체 또는 젤 상태의 고분자를 전해질로 사용하는 리튬 이차전지를 말하며, 넓은 의미의 폴리머 전지는 전해질 이외에 음극과 양극의 활성물질에 전도성 고분자를 이용하는 것도 포함한다. 비에너지(Wh/kg) 및 셀 전압이 높으며, 비교적 적은 수의 셀(cell)을 하나의 패키지로 만들 수 있으며, 모든 셀은 각각 2.5V~4.2V의 전압 범위로 균일하며 BMS도 갖추어야 한다. 현재 자동차용 및 노트북, 컴퓨터, 핸드폰 같은 휴대용 기기에 널리 사용하고 있다.

Contents	납산	니켈 카드뮴 (Ni-Cd)	니켈 수소 (Ni-MH)	리튬이온 (Li-ion)	리튬이온폴리머 (Li-ion polymer)
Anode(+)	이산화연	니켈계	옥시수산화니켈	리튬금속 산화물	리튬금속 산화물 등
Cathode(-)	납	카드뮴	MH(Meta Hydride)	탄소질	탄소질 등
Electrolyte	황산	알카리계	알카리수용액	유기질	유기질 등(고분자)
작동 voltage	2	1.2	1.2	3.6~3.8	3.6~3.8
에너지밀도 (Wh/kg)	35	50~60	60~80	90~120	180~200
안정성	Good	Good	Good	Normal	Normal
용도	일반자동차	초기핸드폰, 노트북(현재사용불)	-프리우스, HEV -96~99년 핸드폰 노트북	현재 핸드폰, 노트북, AV, 넛산 전지	국내 NEV, 현재 다용
환경오염	존재	존재	없음	없음	없음
자기방전율(%)	6	20~23	15~20	5	0.1
단점	에너지밀도 낮음	에너지밀도 낮음, 환경문제	저온성능 Low, 급속충전 힘듬	고가며 안정성 문제	고가
장점	저단가	납보다 고용량 방전	저가, 안정성	고에너지밀도, 경량	고에너지밀도, 안정성

그림 2-16 배터리 종류

Contents	Li 이온 배터리	Li 이온 폴리머 배터리
양극(Anode)	$LiCoO_2$, $LiMn_2O_4$, $LiNiO_2$ 등 금속 산화물	$LiCoO_2$, $LiMn_2O_4$, $LiNiO_2$ 등 금속 산화물
음극(Cathode)	탄소(Carbon)	탄소(Carbon)
전해질(Electrolyte)	액체	Polymer(고분자)
전압(Voltage)	3.7V	3.7V
에너지 밀도 (Energy density)	High	High
라이프사이클 (Life cycle)	매우 좋음	좋음
안정성	나쁨	좋음
저온특성	좋음	보통
Cell 디자인특성	나쁨	매우 좋음

그림 2-17 리듐-이온(폴리머) 배터리

[2] 배터리의 작동 메커니즘

(1) 배터리의 구성 요소 및 충 · 방전 화학반응

리튬 이온전지는 (-)극(Cathode), (+)극(Anode), 전해질, 분리막으로 구성되어 있다. 음극재는 흑연(graphite)이 사용되며 흑연은 탄소가 층상구조를 이루고 있으며, 리튬(Li) 이온이 탄소 층 사이에 삽입(interaction)되며 이때 에너지를 가해주는 충전 과정에서 삽입된다. 방전과정에서 리튬(Li)이 빠져나오면서 외부로 에너지를 공급하며, 흑연 이외에도 리튬 타이타늄 산화물($Li_4Ti_5O_{12}$), 실리콘-흑연 등도 음극재로 사용된다.

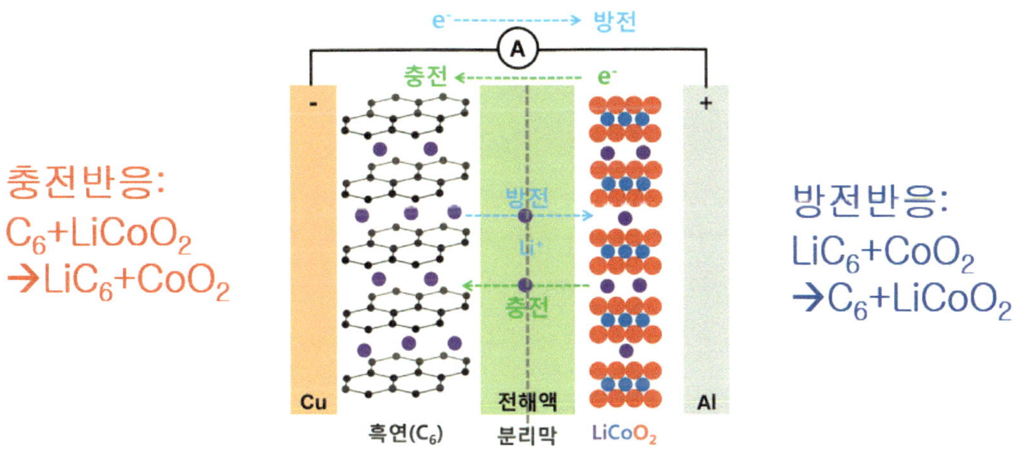

그림 2-18 배터리의 구성 및 작동 메커니즘[9)]

그림 2-19는 양극재 $LiCoO_2$의 층상구조를 나타내고 있다. 대표적인 양극재 물질인 리튬 코발트 산화물($LiCoO_2$)은 충전과정에서 리튬은 양극재에서 산화되어 빠져나와 음극으로 이동하고, 방전과정에서 다시 환원되어 양극재 속으로 들어가며, 리튬철 인산염($LiFePO_4$), 리튬 망가니스 산화물($LIMn_2O_4$) 등의 물질도 양극재로 사용되고 있다.

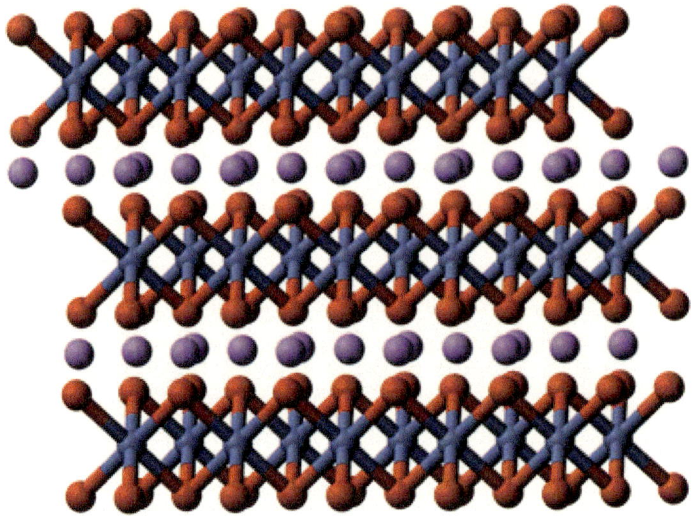

그림 2-19 $LiCoO_2$ 층상 구조

그림 2-20의 배터리의 구성 요소와 물질에 대해 나타내었다. 전해질(electrolyte)은 이온 전도성을 가진 액체로써 충전 및 방전과정에서 리튬 이온이 이동하는 경로 역할을 하며, 리튬 염($LiPF_6$)이 녹아 에틸렌 카보네이트와 같은 유기 용매를 사용한다. 분리막(separator)은 양극재와 음극재의 접촉을 방지하기 위해서 전기가 통하지 않은 고분자막이 사용된다.

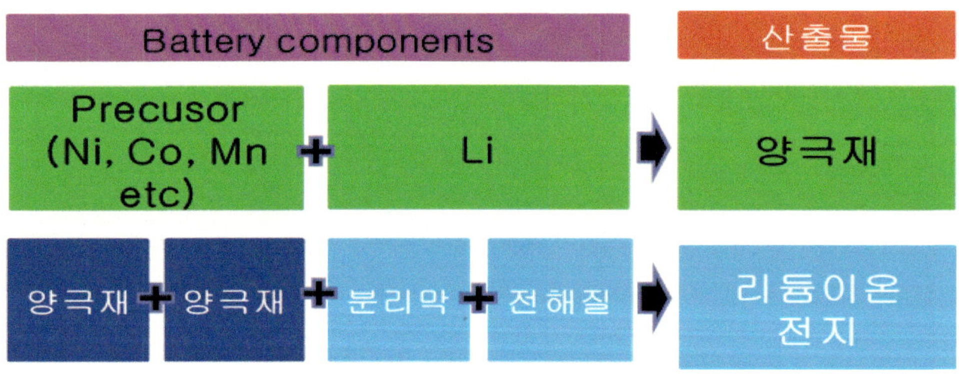

그림 2-20 배터리의 구성 개략도

그림 2-21은 배터리의 음극과 양극의 산화와 환원반응을 나타내고 있다. 산소를 얻으면 산화, 잃는 것은 환원 반응이며, 광범위하게 전자를 잃으면 산화반응, 얻는 것을 환원반응이라 한다. 음극과 양극의 전체 반응식은 식(3.1)과 같다.

전체 화학반응식: $LiCoO_2 + C_6 \leftrightarrow Li_{1-x}CoO_2 + Li_xC_6$ (3.1)

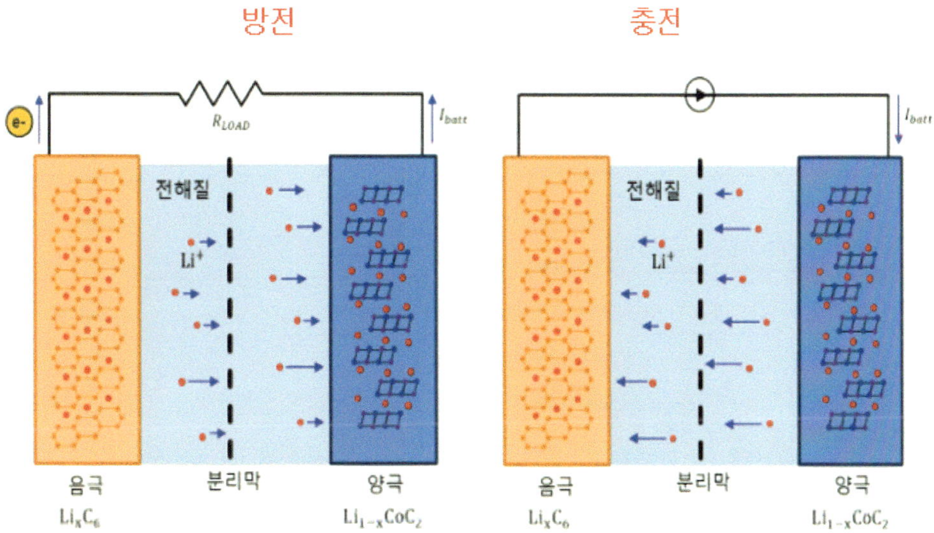

그림 2-21 배터리의 음극과 양극의 산화와 환원 반응[10)]

2.4 전기자동차의 배터리 구조와 역할

[1] 전기차 배터리 세부 구조와 역할

(1) 리튬이온 배터리

그림 2-22은 리튬이온 배터리의 세부 구조를 나타내고 있다. 양극에서 리튬이온이 음극으로 충전되있다가 전기차 운행 시 리듐 이온의 방전으로 인하여 구동 모터를 구동하여 주행하는 원리이다.

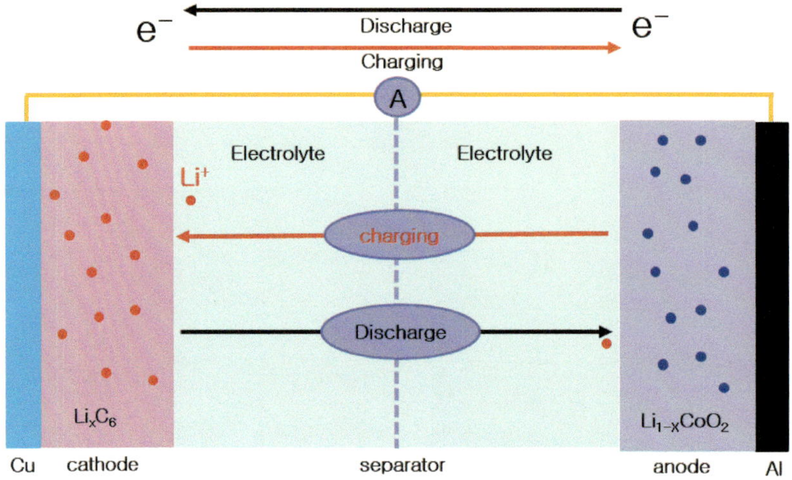

그림 2-22 리튬이온 배터리의 세부 구조

배터리를 구성하는 4개 소재의 역할을 살펴보면, 그림 2-23의 리튬이온 배터리에서 양극은 리튬이온의 원천으로써 배터리 용량과 전압을 결정한다. 음극은 리튬이온을 저장했다가 방출하며 전류가 흐르게 하는 중요 역할을 한다. 음극은 흑연금속 및 산화물이 사용되며, 양극은 LCO, LMO, NCM, NCA, LFP 등이 이용된다. 전해질(electrolyte)는 리튬이온 이동 매개체로써 혼합물로 구성되며 용매(EC/DEC 등), 염(LiPF6) 및 첨가제(FEC 등)가 가미된다. 격리판(seperator)는 양극과 음극이 접촉으로 인한 쇼트를 방지하는 기능을 하며 이온은 통과지만 전자는 통과시키지 않는다. 주로 고분자 소재(폴리올레핀 등)가 사용된다.

* 폴리올레핀: 올레핀(이중결합을 1개 가진 사슬 모양 탄화수소 화합물)의 중합으로 생기는 고분자 화합물

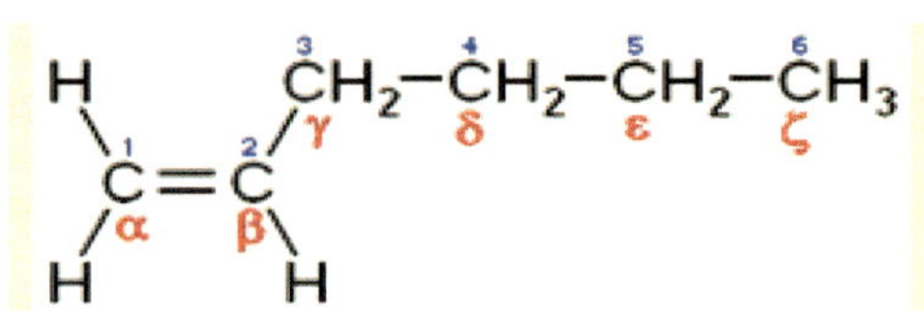

* 용매(Solvent)는 염을 해리(Dissociation)시키는 역할: EC(Ethylene Carbonate), DEC(Di Ethyl Carbonate)

* 첨가제(FEC): FEC는 플루오르에틸렌 카보네이드는 내열성과 유연한 우수함
* LCO($LiCoO_2$): 리튬코발트산화물
* LMO($LiMnO_2$): 리튬망간산화물
* LFP($LiFePO_4$): 리튬인산철

구 분	음극 (Cathode)	분리막 (Separator)	전해질 (Electrolyte)	양극 (Anode)
Material	흑연금속 산화물	고분자 소재 (폴리올레핀 등)	혼합물로 구성, 용매(EC/DEC 등) 염($LiPF_6$ 등) 첨가제(FEC 등)	LCO LMO NCM NCA LFP 등
Role	Charging 시 Li-ion 저장, 방전 시 전류 공급	Short 방지 역할 (ion은 통과, 전자는 통과 x)	Li-ion 이동 매개체	Charging 시 Li-ion 방출

그림 2-23 리튬이온 배터리의 구성 요소 특성

그림 2-24는 배터리의 중요 소재인 양극재와 음극재의 결합 구조를 개략적으로 나타내고 있다. 양극재와 음극재는 활성물질(Li, C 등)과 도전재(conductive agent)와 바인더로 구성되어 있다. 도전재는 carbone black 및 carbon nanotube가 사용되며, 양극 활성물질과 음극활성물질 사이에서 이동을 촉진시키는 물질이다. 전극에 첨가되는 양은 적지만 배터리의 성능을 향상시킨다. 바인더(binder)는 활성물질과 도전재가 전극 집전체에 접착할 수 있도록 넣어주는 접착제이다. 활성물질: 도전재: 바인더의 슬러리 형태의 혼합 비율은 90:5:5 비중으로 극판에 도포하고 코팅하여 사용하고 있다.

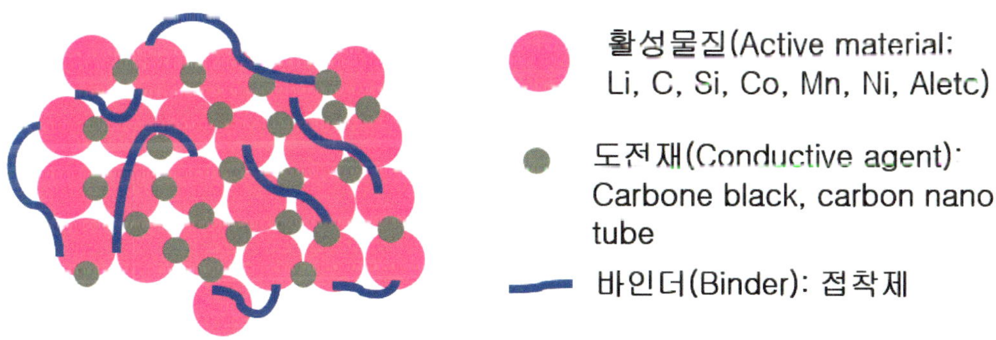

그림 2-24 양극재와 음극재의 결합 구조

그림 2-25는 신기술 도전재 구조를 나타내고 있다. CNT(Carbon Nanotube) 도전재는 기존 도전제보다 더 적은 양으로도 전자의 이동 통로를 더 튼튼하게 만들 수 있다. 6개의 탄소 원자가 수평의 육각 망면 형태로 배열된 그래핀 레이어(graphene layer)가 말려져 있는 지름 1nm 크기의 튜브 형태를 띠고 있다.

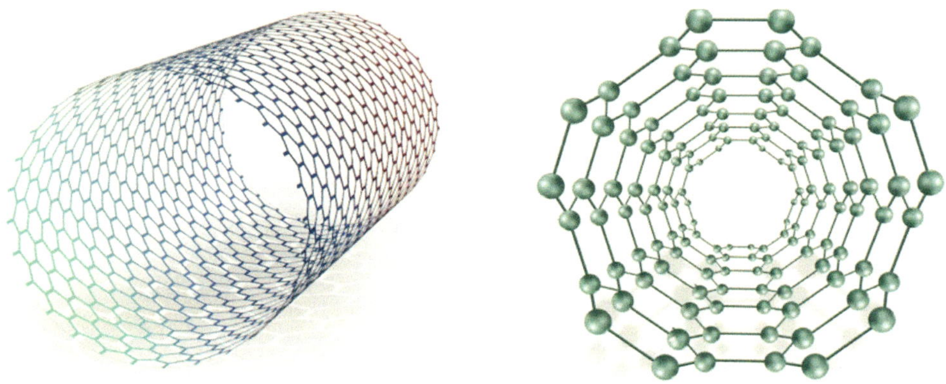

그림 2-25 신기술 도전재 구조[11)]

(2) 전고체 배터리

전고체 배터리는 액체 전해질 대신 고체를 사용하는 배터리이며, 전고체 배터리는 에너지 밀도가 높고, 충전시간이 빠르며, 안정성이 높고, 가격이 저렴하여 "차세대 꿈의 배터리"로 불린다. 리튬이온 배터리에 필요한 전해액과 분리막을 없애고, 비는 공간에 에너지 밀도가 높은 물질을 집어 넣어서 제조한다. 배터리의 에너지 밀도 증가로 내연기관 자동차와 비슷한 수준의 주행거리 구현할 수 있으며, 자율주행차의 기술 고도화를 위한 배터리 성능 향상은 절대적으로 구비되어야 할 선결과제로 "전고체 배터리 개발" 양산화에 박차를 가하고 있다.

그림 2-26은 전고체 배터리의 구조를 나타내고 있다. 양극, 음극, 고체 전해질로 구성되어있다. 고체 전해질은 기존 액체 배터리에 사용되는 분리막과 액체 전해질을 하나로 묶은 구조이며, 액체에 비해 고체 전해질은 에너지밀도가 크므로 더 많은 양의 전기에너지를 저장할 수 있는 장점이 있다.

그림 2-27은 리튬이온 배터리와 전고체 배터리의 특성을 나타내고 있다. 양극재는 리튬 등 동종 소재를 사용하며 전고체 배터리의 음극재는 Li 금속류를 사용한다. 전해질에서 기존 액체 배터리는 액체(Li염+용매+첨가제)를 사용하지만, 전고체 배터리는 고체(황산

물, 폴리머, 산화물)를 사용하며 분리막은 필요하지 않아 구조가 간단해졌다.

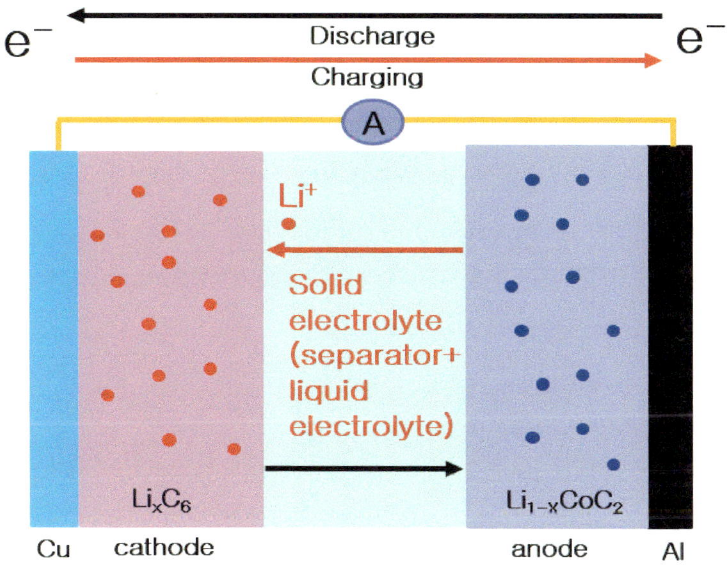

그림 2-26 전고체 배터리 구조

구 분	Li-ion 배터리	전고체 Li-ion 배터리
음극재(Cathode)	Solid(흑연(graphite), 실리콘 등	Solid(Li 금속)
양극재(Anode)	Solid(Li, Ni, Mn, Co 등)	Solid(Li, Ni, Mn, Co 등)
전해질(Electrolyte)	Liquid(Li염+용매+첨가제)	Solid(황산물, 폴리머, 산화물)
분리막(Separator)	Solid flim	불필요
구조 (Structure)	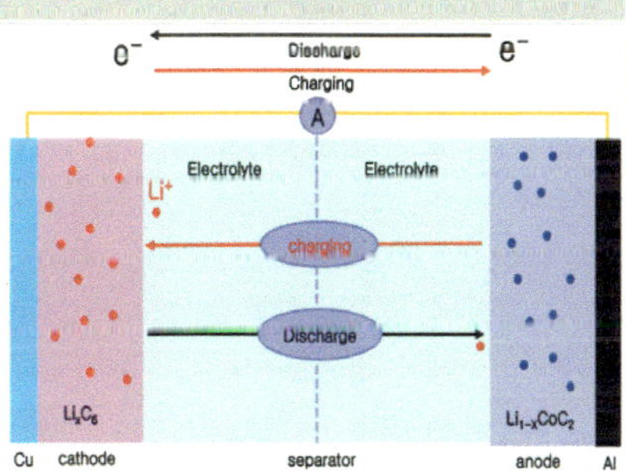	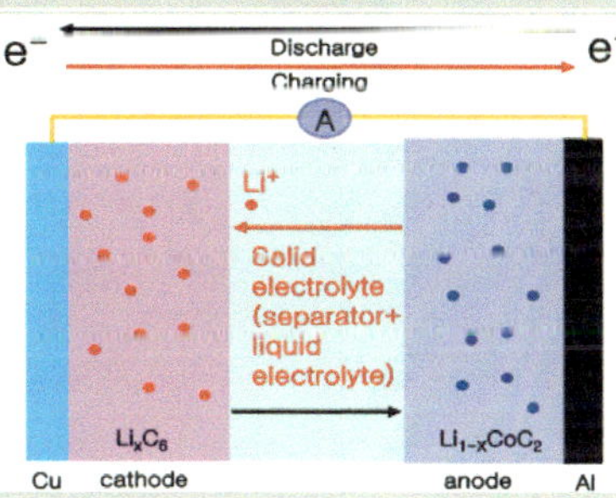

그림 2-27 리튬이온 배터리와 전고체 배터리의 특성

[2] 전기차 배터리의 시스템

(1) 전기차 배터리의 시스템

그림 2-28은 전기차 배터리 시스템를 나타내고 있으며, 셀과 모듈 및 팩으로 구성되어 있다. 셀(cell)은 전기에너지를 충전, 방전할 수 있는 리튬이온은 배터리의 기본 단위이며, 양극, 음극, 분리막, 전해액을 사각형의 알루미늄 케이스에 넣어서 만든다. 모듈(module)은 배터리 셀을 외부 충격과 열, 진동 등으로 부터 보호하기 위해 일정한 개수로 묶어 프레임에 넣은 배터리 조립체(assembly)이다. 팩(pack)은 전기차에 장착되는 배터리 시스템의 최종 형태, 배터리 모듈에 BMS(Battery Management System), 냉각시스템 등 각종 제어 및 보호 시스템을 장착하여 완성한다.

그림 2-29는 전기차 배터리 시스템의 구성요소의 세부 역할을 나타내고 있으며, 배터리 제조사에 따라 셀과 모듈의 개수가 다르다.

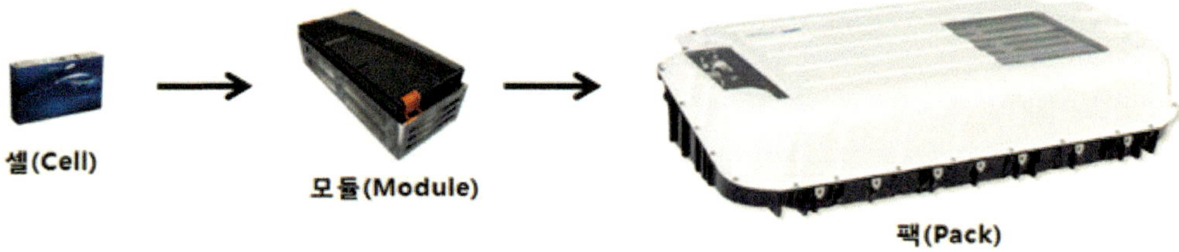

그림 2-28 전기차 배터리 시스템[12)]

구 분	역 할
Battery cell(셀)	리듐이온 배터리의 기본 구성 요소인 양극, 음극, 전해액, 분리막을 사각형의 알루미늄 케이스에 넣어서 차량 필요 전력에 따라 직렬로 연결
Battery module(모듈)	배터리 셀을 외부 heat, shock, vibration으로 부터 보호하기 위해 일정 개수로 패킹하여 프레임에 넣은 배터리 어셈블리
Battery pack(팩)	전기자동차에 장착되는 배터리시스템의 최종형태로, 배터리 모듈에 BMS, 냉각시스템 등 제어장치 및 보호시스템 장착하여 완성

그림 2-29 전기차 배터리 시스템의 구성 요소 역할

그림 2-30은 아우디 자동차의 SUV 전기차의 배터리 팩 구조를 나타내고 있으며, 제조

과정에서 배터리 모듈과 열관리시스템, 충돌구조 프레임 등 크게 3부분으로 구성되어 있다. 배터리 팩 내의 모듈의 열은 간접 냉각 방식으로 처리되며, 내연기관과 비슷한 구조를 나타내고 있다. 전기차에 필요한 배터리 모듈을 설계하고 제조하며, 배터리 충돌 구조 프레임은 상하 및 좌우 충격을 완화하는 배터리외부 장치이다.

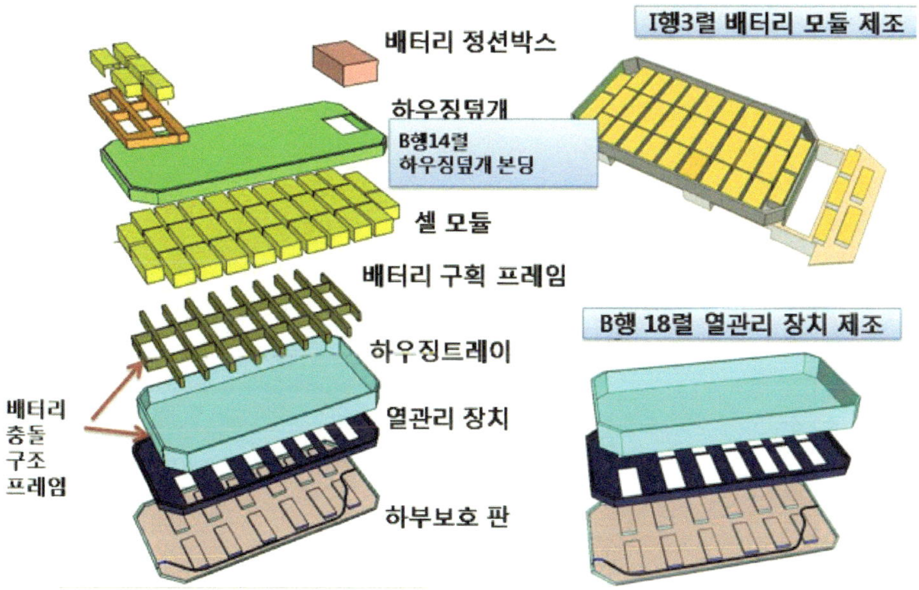

그림 2-30 전기차 배터리 시스템의 팩 구조[13)]

2.5 차세대 배터리 소재 및 배터리 화재

[1] 차세대 배터리 소재

전기자동차의 시장수요가 증가함에 따라 에너지 밀도가 높은 배터리 개발에 전 세계가 집중하고 있다. 전기자동차 가격의 약 50%를 차시하는 고에너지원인 배터리는 고성능을 발휘하며 또한 판매 가격을 고려하여 양산화해야 하므로 배터리 소재에 관한 기술 동향 파악은 필요하다.

(1) 차세대 배터리 소재

그림 2-31은 전기차의 배터리 시장 전망 예측을 나타내고 있다. 2023년도를 기점으로 배터리 수요는 916GWh, 2025년도는 1,328GWh가 필요하며, 배터리 수요 증가에 비해 공급량 부족이 예측된다. 지구온난화의 주범인 CO_2 저감을 위해서는 전기자동차의 확대가 필요하며 이에 따라 고성능을 나타내며 비용이 저렴한 배터리 개발이 필요한 시점이다. 배터리의 공급량은 중국의 CATL 및 BYD사가 큰 비중을 차지하고 있으며, 양극재 등 배터리 소재 제조기술은 LG에너지솔류션 등 한국의 배터리 3사가 최고의 기술을 자랑하고 있다.

그림 2-32는 차세대 양극재 소재의 물리·화학적인 특성을 나타내고 있다. 양극재는 기본적으로 LCO(리튬코발트산소) 화합물로 구성되어 있으며, 높은 비용량, 낮은 자체 방전, 훌륭한 주기수명을 가지고 있다. 최근에 주목을 받고 있는 양극재 소재는 Ni, Co, Mn, Al 등이 연구되어 상용화되고 있다. Ni은 에너지 밀도를 증가시켜 주행거리를 향상시킬 수 있으며, Co는 부식을 방지하고 안정성을 향상시키는 금속이다. Mn은 배터리의 안정성을 향상시킬 수 있고, Al은 배터리 출력과 배터리의 안정성을 향상시킬 수 있는 양극재 소재이다. LCO 화합물 기반위에 소량의 전이금속이 첨가되면 배터리의 에너지 밀도 향상 및 안정성을 확보할 수 있다.

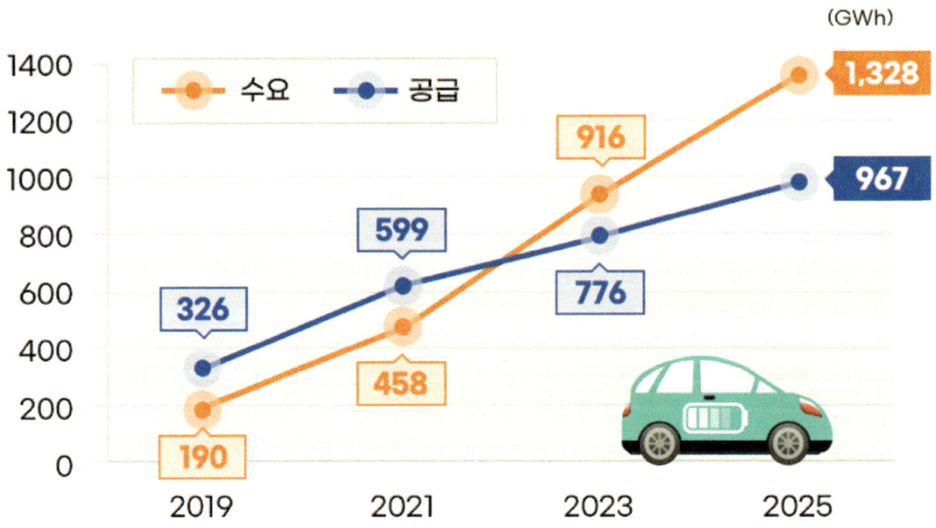

그림 2-31 전기차 배터리 시장 전망[14)]

구 분	LCO (리튬코발트 산소)	Ni (니켈)	Co (코발트)	Mn (망간)	Al (알루미늄)
주기율표	$LiCoO_2$	10족, 전이금속	9족, 전이금속	7족, 전이금속	13족, 전이금속
전기음성도	양극산화물	1.91	1.88	1.55	1.61
준위별 전자가	배터리 양극재 기본구성 물질	[Ar] $3d^8$ $4s^2$ 2, 8, 16, 2	[Ar] $3d^7$ $4s^2$ 2, 8, 15, 2	[Ar] $3d^5$ $4s^2$ 2, 8, 13, 2	[Ne] $3s^2$ $3p^1$ 2, 8, 3
배터리 내 역할	높은 비용량, 낮은 자체 방전, 훌륭한 주기수명	에너지밀도 증가, 주행거리향상	부식방지, 안정성 향상	안정성 향상	배터리 출력 향상, 안정성 향상
산화물 구조도 및 원소 사진					

그림 2-32 차세대 배터리 양극재 소재[15)]

1) NCM 양극재

NCM(LNCMO)은 리튬코발트산화물(LCO)에 니켈(Ni)과 망가니즈(Mn)가 결합된 양극재이며, Ni, Co, Mn이 다양한 비율로 구성되어 전기차 배터리 양극재로 사용되고 있다. Co는 배터리 제조 원가의 20%를 차지하는 희토류 금속이며, 충 · 방전을 통해 전극의 틈이 커지는 단점이 있으며, 배터리 수명이 급격히 떨어질 수 있다. Mn은 배터리의 안정성을 높여주는 전이금속이다.

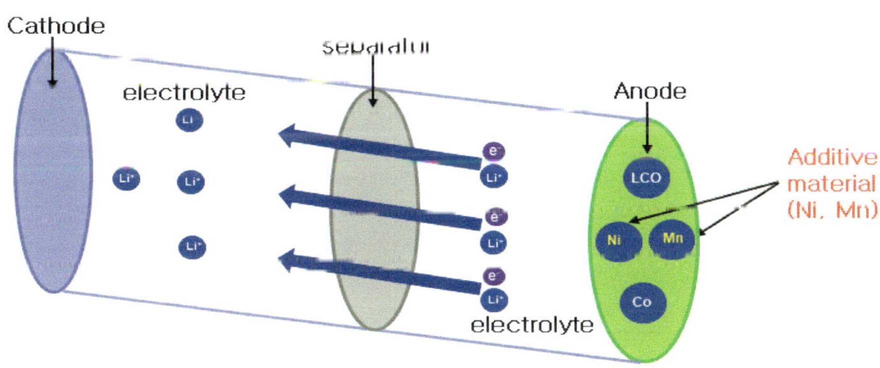

그림 2-33 NCM 양극재의 구성

2) NCA 양극재

NCA 양극재는 리튬코발트산화물(LCO)을 기반으로 니켈(Ni), 코발트(Co), 알루미늄(Al) 원소의 조합으로 구성된다. Ni는 에너지 밀도를 높이며, Co는 안정성 향상시키며, Al은 배터리의 출력과 안정성 확보한다. NCM 양극재보다 Ni 함량이 높고, Al의 특성도 더해짐에 따라 높은 에너지 밀도와 출력을 보여준다. 불안정할 수 있기 때문에 원통형 배터리와 같은 소형전지에 사용한다.

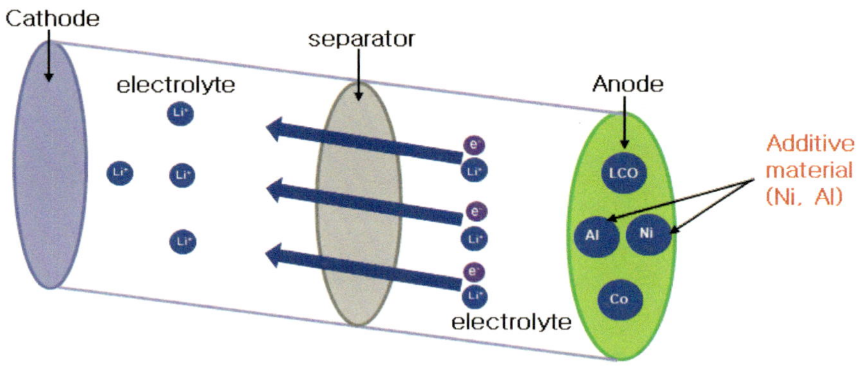

그림 2-34 NCA 양극재의 구성

3) NCMA 양극재

그림 2-35는 NCMA 양극재의 구성을 나타내고 있다. NCMA 양극재는 Ni, Co, Mn으로 구성된 NCM 양극재에 Al를 추가한 조합이다. Ni의 비중을 높이고, 값비싼 Co의 함량이 줄어든 만큼 제조 원가를 낮출 수 있다. 원형, 각형, 파우치형 등 배터리의 형태의 구분 없이 모두 사용 가능하여 활용 범위가 넓다. 전기자동차의 주행거리와 출력 향상, 배터리 안정성까지 개선한 차세대 핵심 소재이다. 소량의 Al을 더해 에너지 밀도(에너지 밀도 (220mAh/g))를 높임으로 주행 거리를 확보할 수잇고 배터리 수명이 길어진다. 고가의 Co 함량 낮추고 Ni 함량이 증가함에 따른 발열 문제를 Al과 첨가제로 보완할 수 있다. 그림 2-36과 같이 양극재 소재 첨가에 따른 특성이 있지만, 2021년 이후 NCM811, NCMA가 고속 성장이 기대된다.

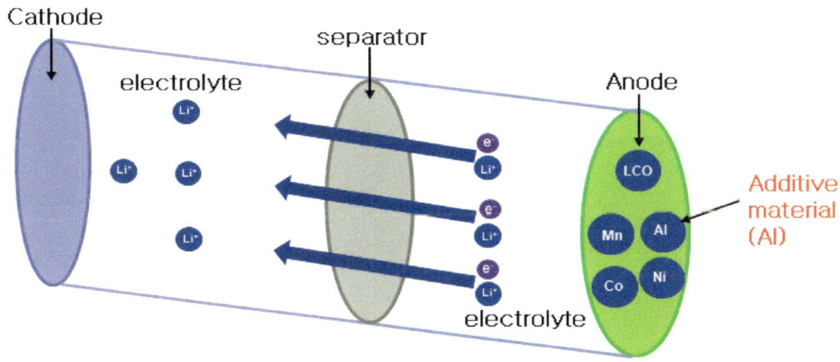

그림 2-35 NCMA 양극재의 구성

그림 2-35 차세대 양극재 소재의 특성

4) 양극재 구조

층상구조(layered)는 에너지 용량이 높아 충전량이 많으며, 전이금속(Ni, Co, Mn) 등으로 이루어진 2차원 layer 사이에 리튬이온이 삽입되어 충·방전시 리튬이온이 in-out 되는 구조(LCO, NCM, NCA)이다. 스피넬(spinel)구조는 이온 전도도가 높으므로 고출력이 실현되는 특징을 가지고 있다. 3차원 통로를 가지고 있는 구조이며, 스피넬구조가 사면체와 팔면체로 구성된 입체적 형태의 격자 구조로 구성되어 있어서 안정성이 높고, 다양한 통로를 통해 리튬이온이 삽입되어 출력이 우수하다. 올리빈(olivine) 구조는 안정성을 높이지만 에너지 용량이 낮은 단점을 가지고 있다. 육면체 형태로 P-O(인-산소)가 결합된 구조로 리튬이온이 빠져나가도 구조 유지가 가능하여 높은 안정성을 가지며 LFP(리튬인산철)가 있다.

그림 2-36 양극재 구조[16)]

[2] 배터리 화재

(1) 배터리 과열

전기자동차의 화재 원인은 주로 배터리의 문제이다. 배터리의 열적, 기계적, 전기적, 설계적, 공정적 요인 등 다양한 요인으로 화재가 발생한다. 배터리의 화재 원인을 크게 분류하면 과열(thermal abuse)과 과충전(overcharge)로 구분할 수 있다. 전기차 배터리의 화재 발생 메커니즘을 살펴보면, 아래와 순서로 화재가 확산된다.

열 폭주 → 압력증가 → 가연성 전해물질 기화 및 분출 → 인접배터리 가열 → 화재확산 → 인접배터리 → 급격한 화재 확산

그림 2-37 전기차 화재 장면[17)]

배터리의 화재 원인 중 과열(thermal abuse)은 전기차의 사고 및 큰 충돌로 인하여 배터리 셀 내 분리막이 찢어지면서 양극재와 음극재와 합선(short)로 인하여 열(heat)과 불꽃(spark)이 발생하여 화염으로 번진다. 그림 2-38은 분리막의 외부 문제로 인한 화재가 일어나는 개략도를 보여주고 있다.

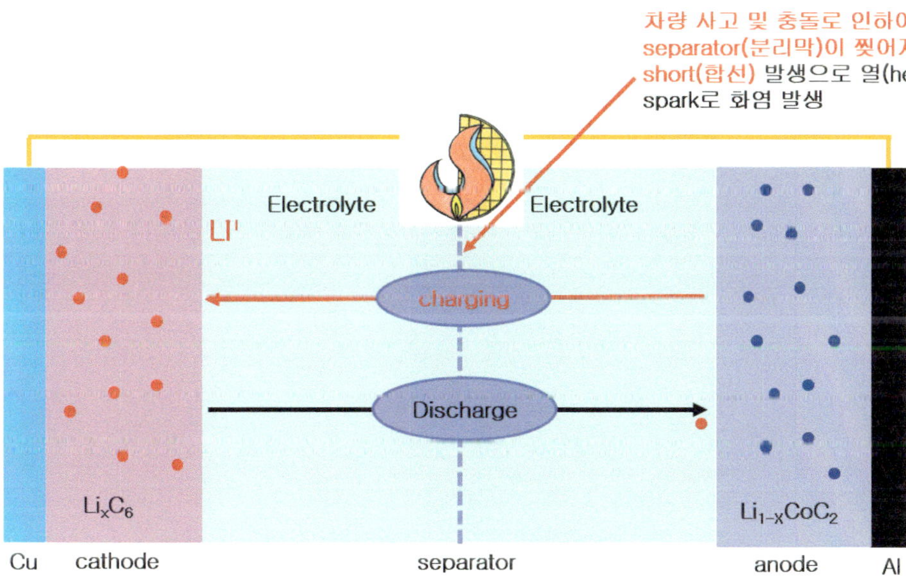

그림 2-38 과열로 화재 발생

(2) 배터리 과충전

그림 2-39는 배터리 과충전으로 인한 유해 가스 발생 개략도이다. Koch의 실험 연구 결과이며 배터리 충전용량 SOC가 증가할수록 배터리 내부에서 발생된 열로 인하여 배터리를 구성하는 소재의 분해와 전해질 산화 등 고열로 인하여 배터리의 화재가 발생된다. 유해 가스 생성 비율은 배터리의 특성에 따라 그 값이 다르지만 대체적으로 표 2-2의 결과와 같다. 생성 가스 중 대부분의 비율을 차지하는 가스는 CO_2, H_2, CO이며, 그 비율은 대략 부피 비 85%이며 나머지 15%의 경우 C_2H_4, CH_4, C_2H_6, C_3H_6와 같은 탄화수소들로 이루어져 있다.

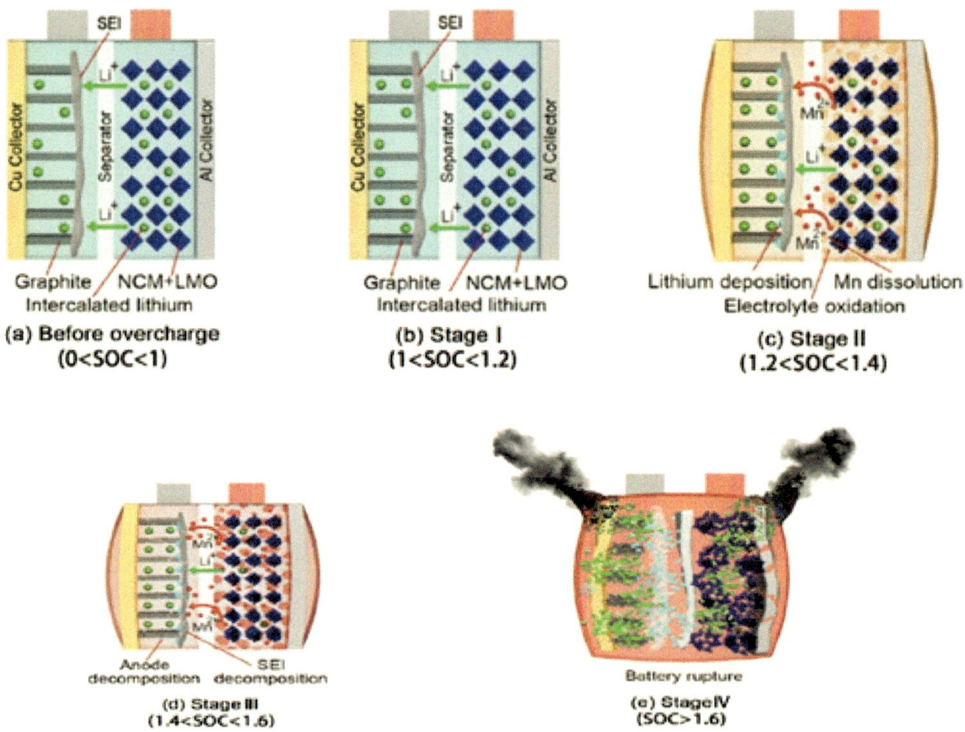

그림 2-39 과충전으로 인한 배터리 가스 발생 개략도[18)]

표 2-2 과충전으로 인한 평균 생성 가스 비율[18)]

종류	CO_2	H_2	CO	C_2H_4	CH_4	C_2H_6	C_3H_6
비율(Vol.%)	35.56	22.27	28.38	5.61	5.26	0.99	0.52

(3) 전기차 배터리 화재 대응책

전기차의 배터리의 충전상태 SOC(State of Charge)는 100%는 금물이며, 배터리가 과충전되지 않도록 BMS 제어 전략이 필요하다. 적정 전압 이하에서 저속으로 충전하는 것이 안전하며, 고속 충전은 유의해야 한다. 배터리 수냉식 냉각시스템에서 일반 냉각수를 사용하지 않고 절연성이 높은 전기차 전용 절연 부동액을 사용하여 냉각효율을 증가시켜야 한다. 전기차를 주행할 경우 배터리 부위 기계적, 열적 부하가 가해지지 않도록 내연기관 자동차보다 유의하여 운전해야한다.

그림 2-40은 전기차 화재 진압 방법을 보여주고 있다. 내연기관 자동차와는 다르게 전기차의 배터리는 열 폭주로 인하여 급속하게 화염이 전파되어 화재 진압이 어렵다. 아래 그림과 같이 이동 바스켓이나 상방향 직수 장치 등을 이용하여 화재를 진압해야 한다. 그러나 이러한 화재 진압방법은 전기차 내부와 전장 장치에 진압수가 유입됨에 따라 전기차의 고장을 야기하여 정비 수리비를 증가시키고, 차량 내구성이 급격하게 저하될 수 있는 문제점이 있다. 스마트하고 화재진압 효율이 높은 배터리 전용 화재 진압 기법이 도출되어야 한다.

이동 바스켓　　　　상방향 직수장치

그림 2-40 전기차 화재 진압 방법[19)]

2.6 전기차 전장과 섀시 장치

[1] 전기차 전장장치

전기차는 내연기관 자동차에서 엔진(기관) 역할을 담당하는 배터리, 전장 장치 및 섀시 장치로 크게 구성되어 있다. 모든 시스템이 전기에너지에만 의존하며 전력 소모가 크므로 장치마다 최적 제어와 시기에 따라 보수 정비가 필요하다.

(1) 전기차 전장 장치

그림 2-41은 전기차 구동계 전장 장치의 구성도를 나타내고 있다. 전기차는 배터리 전원을 통하여 구동 모터를 작동시켜 동력을 전달하며, LDC/DC, HDC/DC 장치를 통하여 고전압 전력을 변환한다. 동력분배·전달시스템은 전륜과 후륜의 모터 구동장치를 제어하며 모터/감속기 등의 동력을 적절하게 전달하게 한다.

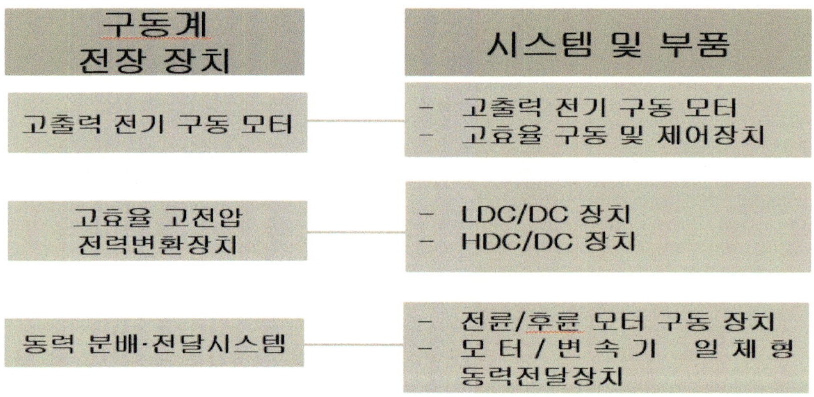

그림 2-41 전기차의 구동계 전장 장치 구성도

그림 2-42에서 볼 수 있듯이, 전기자동차의 구동 모터는 변속단 없이 차속 향상이 가능하여 승차감이 좋으며, 구동력 토크도 전반적으로 크다. 그러나 내연기관은 자동차는 크랭크축의 토크와 회전속도 특성으로 인하여, 차속과 구동력 변화에 따라 승차감은 전기차보다 덜하다.

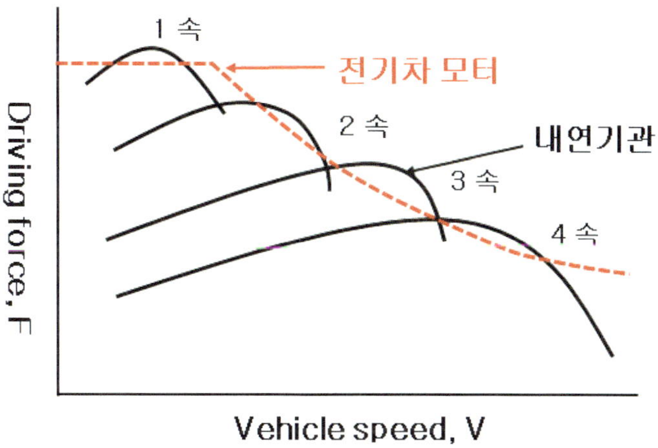

그림 2-42 전기차의 구동 모터의 속도와 구동력

전기차는 장기리 주행이 가능하도록 대용량/장수명 에너지저장장치(배터리)를 장착하고 있으며, 고효율 발전장치 및 RE-EV 고효율 엔진을 개발하여 배터리를 충전효율을 향상시키고 있다.

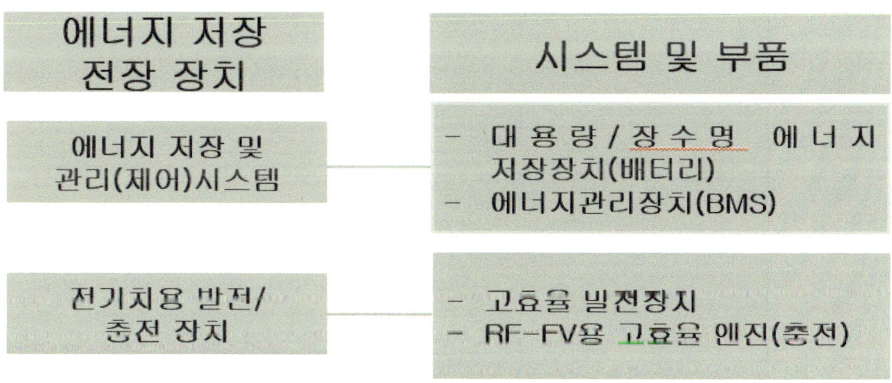

그림 2-43 전기차의 에너지 저장 장치 구성도

배터리 시스템(에너지 저장)의 전장장치는 BMS가 배터리의 전류, 전압, 온도 등을 센서로 통해 측정하고 배터리를 최적의 성능으로 제어한다. 안전 플러그(safety plug)는 과전류를 방지하고 A/S시 전원을 차단한다. PRA(Power Relay Assembly)는 배터리의 전원공급과 차단 및 전류를 측정하는 릴레이 어셈블리 장치이다.

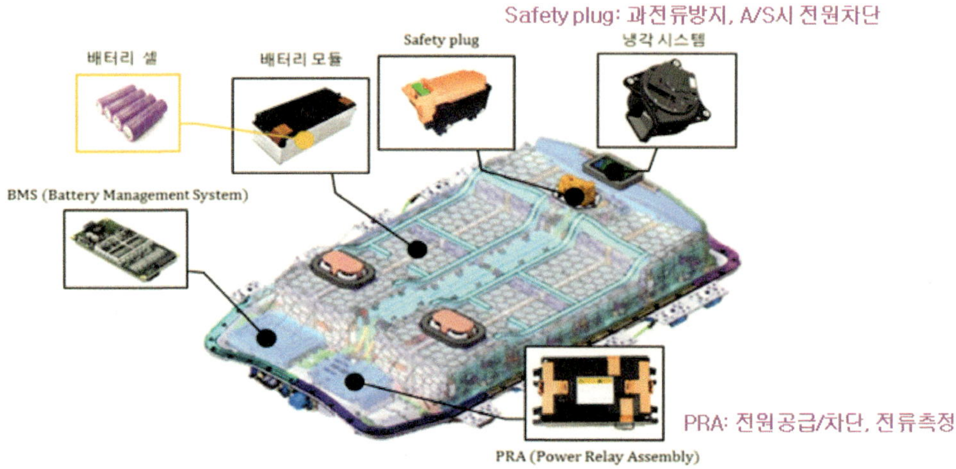

그림 2-44 전기차의 에너지 저장 장치 블럭도[20]

그림 2-45는 전기차의 냉난방 및 고전압 전장 장치의 구성도를 보여주고 있다. 전기차는 순수하게 충전한 전기에너지를 이용하여 냉난방 공조시스템을 가동한다. 정션박스, 스위치 및 센서류 등 고전압에 적합한 전장 부품이 시스템화 되어 있으므로 고전압 관리가 중요하며, 자동차 정비시에 고전압을 차단시키고 안전하게 유의하여 정비해야 한다.

냉난방 및 고전압 전장 장치	시스템 및 부품
전기차용 냉각 및 공조시스템	- 고효율 전동식 냉·난방시스템 - 배터리 냉각시스템
전기차용 고전압 전장 부품	- 고전압용 케이블, 커넥터, 하네스 및 정션박스 - 고전압용 스위치 및 센서류

그림 2-45 전기차의 냉난방 및 고전압 전장장치의 구성도

전기자동차의 충전시스템은 고속 충전과 저속 충전으로 구분되며, 차량탑재형 충전기(OBC) 경유 여부에 따라 고속과 저속 충전으로 나눈다.

* 고속 충전은 고속 충전기(Power grid) → PDU → 리튬이온 2차 전지로 충전
* 저속 충전은 저속 충전기(Power grid) → OBC → PDU → 리튬이온 2차 전지로 충전

전기차의 구동은 Battery → Inverter → Motor → 감속기 → Wheel 순이며, 회생제동은 반대로 일어난다. 일반적인 전자 기기는 12V를 사용하므로, DC-DC converter를 통해 12V 납축전지에 충전된 후 Junction box를 통해 전기가 각각의 시스템에 분배된다.

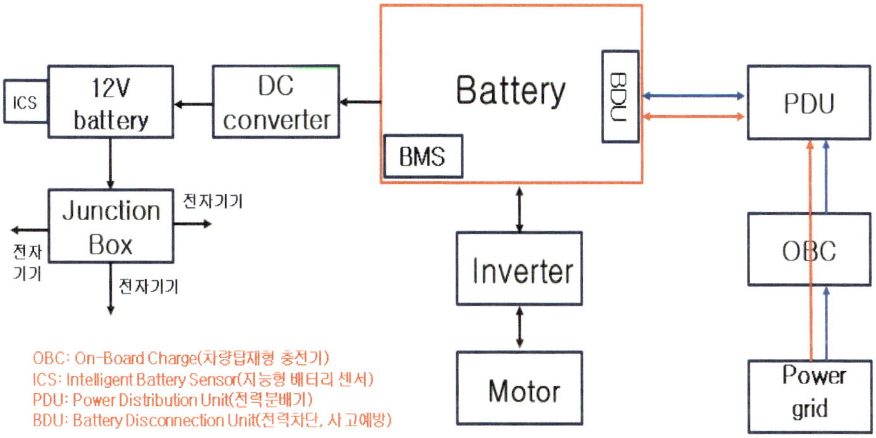

그림 2-46 전기차 충전시스템의 구성도

그림 2-47은 전기차 충전시스템의 블록도를 나타내고 있으며, 전기차 배터리 충전은 필터를 통하여 노이즈를 제거한다. 정류기로 교류(AC)를 직류(DC)로 전환하여 PFC의 전력의 효율을 높이며, DC-DC 컨버터를 통하여 배터리에 충전하는 원리이다. 여기서 PFC(Power Factor Correction, 역률개선, 전력효율 개선)는 전기가 단위시간에 하는 일의 비율(유효전력/피상전력과의 비)인 역률을 개선하는 장치이다.

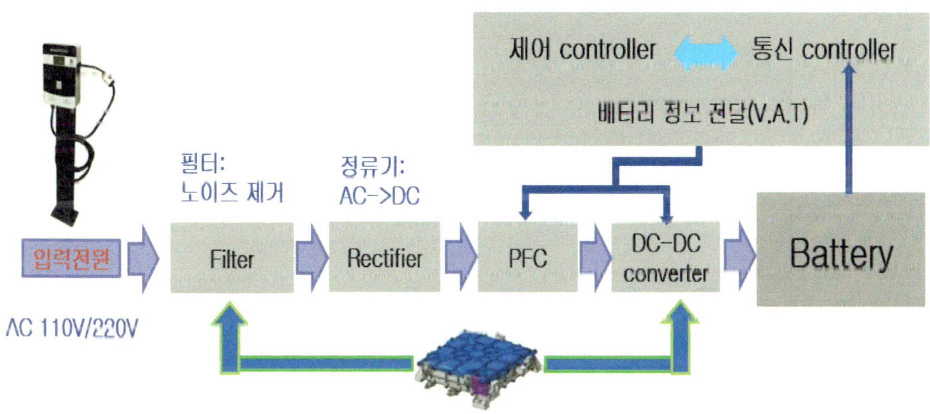

그림 2-47 전기차 충전시스템의 블럭도

[2] 전기차 섀시 장치

(1) 전기차 섀시 장치

전기차는 내연기관 자동차 보다 동력을 발생하는 부품이 없으므로 시스템 자체가 간소하며, 전동 전달효율이 향상되는 구조이다. 그러나 전장과 섀시 시스템 등 모든 시스템이 전기에너지에만 의존하는 단점도 내포하고 있다. 배터리 중량이 크기 때문에 가벼운 소재의 차체 개발로 전기차의 중량 감소를 해결하여 전기차의 전비 향상 기술이 필요하다.

그림 2-48은 전기차의 섀시 장치 구성도를 나타내고 있다. 섀시 장치는 동력전달장치와 프레임 및 차체를 포함한다. 구동 모터/감속기 장치, 조향장치, 브레이크 장치 및 현가장치 등으로 구분되며 전적으로 배터리 전원에 의존하고 있다.

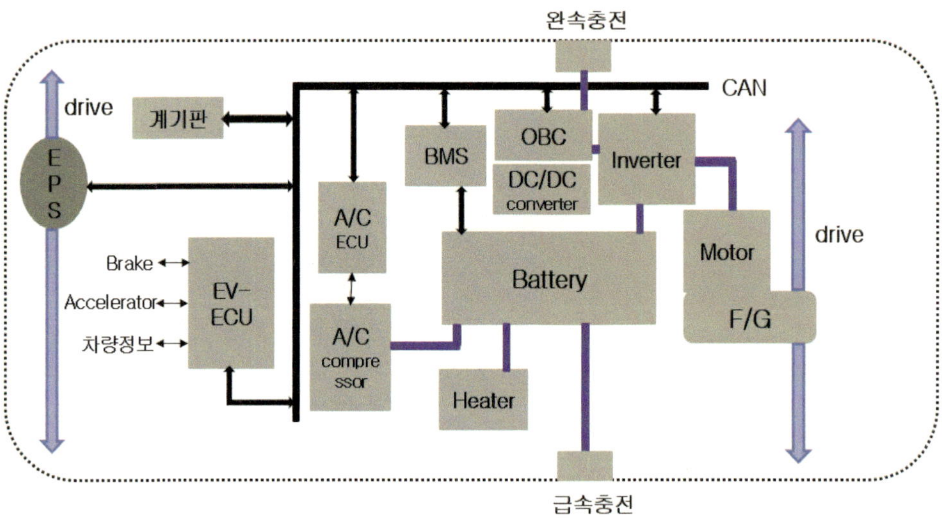

그림 2-48 전기차의 섀시 장치 구성도

그림 2-49는 현가, 조향, 제동장치의 섀시 장치의 구성도를 나타내고 있다. 전기차는 CFRP의 강도가 크고 경량의 차체를 사용하고 있으며, 전동식 현가장치가 장착되어 있다. 고전압전동식 파워스티어링 EPS(Electronic Power Steering)가 전기차에 적용되고 있으며, 브레이크 장치 또한 전기 모터의 동력을 이용하여 브레이크 제동력을 향상시키는 시스템으로 되어 있다. 전기차는 배터리에 액체 전해질이 들어있으므로, 내연기관 자동차 보다 무거워서 전기차 전용 타이어를 장착해야 한다. 이러한 무거운 전기차의 중량 감소를 위해 CFRP 차체, Al 다이캐스팅 패널을 사용하며 마그네슘(Mg)과 경금속이 함유된 패널도 활용하고 있다.

현가,조향, 제동장치 샤시 장치	시스템 및 부품
전동식 현가, 조향 및 제동시스템	- 전동식 컴팩트 서스펜션 - 고전압전동식파워스티어링(EPS), 고전압능동조향장치(AFS) - 회생제동 전자식 브레이크
EV용 스페이스 프레임 및 차체	- CFRP 차체, Al 다이캐스팅 판넬 - 마그네슘(Mg), 경금속 판넬

그림 2-49 전기차 섀시 장치의 구성도

전기차는 SBW(Shift By Wire)의 전기적 신호에 의해 제어기가 변속(감속)을 하여여, 회전력(토오크) 향상과 속도를 조절한다. 즉, 전기 신호에 의해 wire가 작동하여 최적의 변속 상태를 컨트롤 하며, 감속기어와 차동장치가 작동하여 원활하게 전기차가 주행한다.

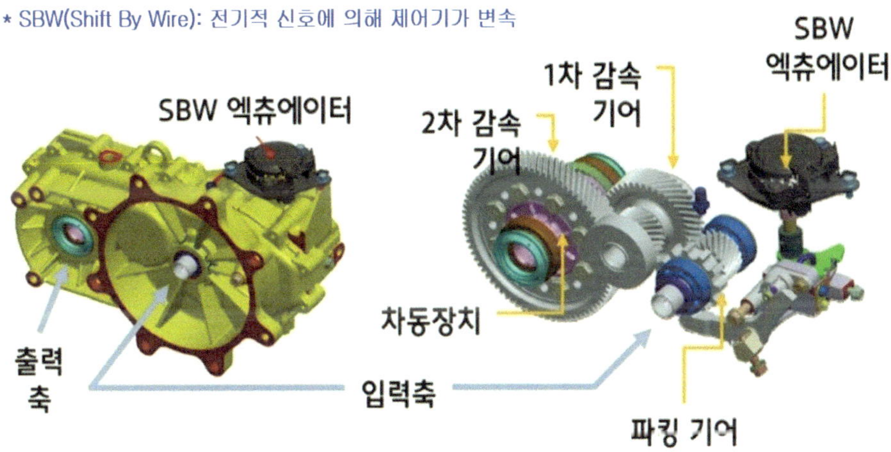

그림 2-50 전기차 변속기 장치[21)]

그림 2-51은 전기차 제동장치를 나타내고 있다. 전기차는 제동 시 전기 신호를 통하여 내연기관 자동차의 배력장치와 마스터실린더 역할을 하는 유압생성장치인 PSU(Pressure Source Unit)가 작동하여 유압이 생성된다. 통합 브레이크 보조장치 iBAU(Integrated Brake Actuation Unit)에서 생성된 유압을 제어하여 브레이크 제동한다. 전기에너지를 이용하여 유압을 생성시키고 이 유압을 브레이크 파이프에 전달하여 브레이크 패드가 디스크를 압착하는 기계적인 일로 전환되는 원리이다.

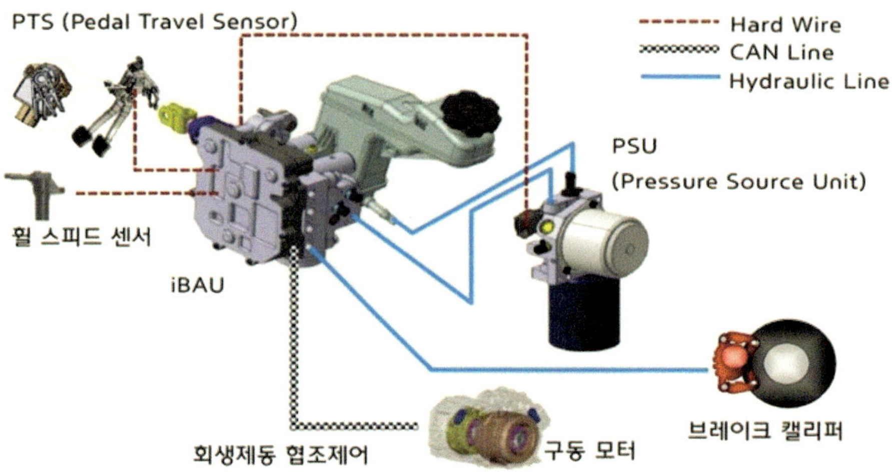

그림 2-51 전기차 제동 장치[21)]

2.7 친환경자동차의 미래 산업 전망

[1] 미래자동차 산업 전망

4차 산업혁명의 핵심 분야인 전기차와 자율주행차는 미래 자동차를 선도할 수 있는 핵심 기술 분야로써 서비스 사업 및 우수한 미래 친환경 자동차를 설계하고 정비할 수 있는 현장 실무형 인재를 양성해야 한다. 이 장에서는 미래 친환경 자동차의 산업 전망과 현재 CO_2를 저감시킬 수 있는 핵심 기술에 대해 알아보고자 한다.

(1) 미래자동차 산업 전망

4차 산업혁명의 물결, 엄격한 환경 규제(Euro 7) 강화로 자동차 산업의 기술이 혁신되고 있으며, 2030년도의 미래 자동차 시장은 친환경차, 자율주행차(스마트카) 및 서비스 산업이 견인할 것이다. 자동차 산업의 경계가 무한 확장되는 대변혁이 진행 중이다. 전기차(EV)와 수소연료전지전기차(FCEV)의 확대 가운데서도 내연기관도 상당 부분 비중을 차지할 것으로 전망하고 있으며, 스마트카, 자율주행차 고도화로 자동차의 전동화를 촉진시킬 것이다. 또한 커텍티드 서비스 등으로 생활과 교통체계의 혁명이 기대된다[21)].

그림 2-52는 미래 자동차의 연도별 성장 예측이다. 전기차와 수소연료전지전기차의 점유율은 2025년도에는 11%, 2030년도에는 30% 수준의 점유율이 예측된다. 인공지능 AI 기술 발전과 더불어 자율주행차 레벨은 2025년도에는 레벨-3가 약 8%, 레벨-4가 약 2%를 점유할 것이며, 2030년도에는 레벨-3가 약 38%, 레벌-4가 약 11%를 점유할 것이라 예측된다. 친환경 자동차에 대한 시장수요와 자율 주행자동차의 편리성 때문에 미래 자동차의 향후 산업 전망은 밝다. 그림 2-53은 서비스분야 시장 규모 성장 예측 데이터이다. 미래 자동차 성장과 더불어 커텍티드 서비스 분야도 2025년도에는 1.5조 달러 수준의 시장 규모를 예측할 수 있으며, 특히 서비스 분야의 성장세가 두르러질 거라 전망된다.

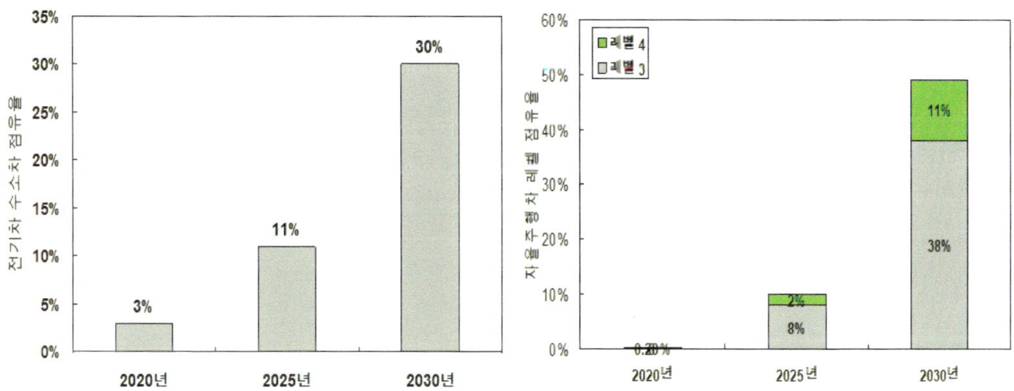

그림 2-52 미래 자동차의 성장 예측

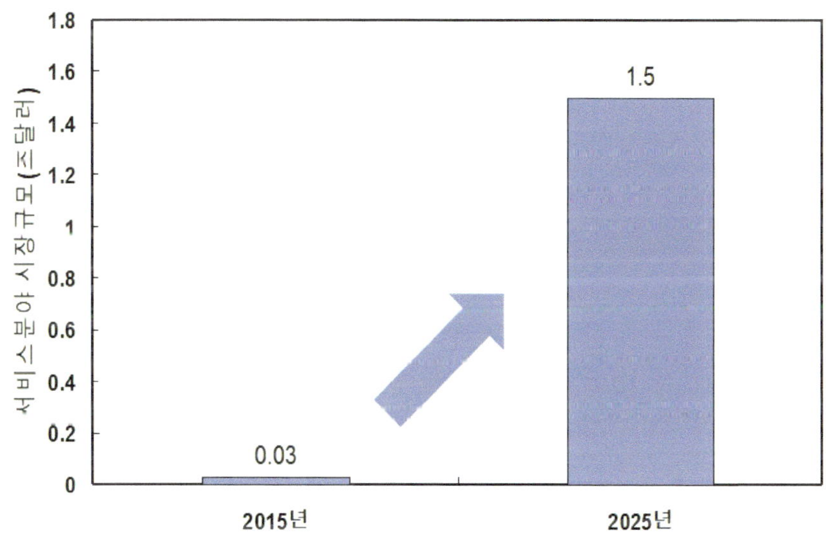

그림 2-53 서비스 분야 시장 규모 예측

글로벌 완성차는 구조 조정과 함께 미래 자동차·서비스에 대규모 투자를 단행하고 있으며, 혁신을 가속화하고 리스크 완화를 위해 이업종과 합종연횡을 진행하고 있다. 글로벌 완성차 기업의 미래 자동차 개발과 양산화가 가속되고 있으며, 내연 기관 자동차의 최고 기술력을 보유하고 있는 독일 기업도 중국 전기차 업체와 협업 등 혁신을 가속화하고 있다. 즉, 자동차 산업의 경계가 무한 확장되는 대변혁이 진행되고 있다. 폭스바겐을 위시한 내연기관 자동차 기반의 글로벌 완성차도 미래자동차의 성장과 걸맞게 2030년까지 다수의 전기차를 개발하고 양산하여, 시장 점유율을 넓히는 계획을 세워 미래 자동차 기술혁신에 박차를 가하고 있다.

폭스바겐	도요타	GM
전기차 30여종 출시(~**25년**)	2030년 전기차 550만대 생산	2023년까지 전기차 20종 출시
독일 내 공유서비스 출시('16)	소프트뱅크와 자율차 JV 설립	Cruise(자율차 스타트업) 인수

그림 2-54 글로벌 완성차의 전기차 출시 예정

정부 차원에서는 민간의 차량 개발과 도로 운행을 위한 인프라 구축(충전소, 통신), 법제 개혁 및 대규모 실증단지를 마련 중이다. 국내외를 막론하고 대세인 미래 자동차의 보급 확대를 위해 인프라와 법제 개혁 등 하드웨어와 소프트웨어의 two track으로 기술 혁신 추진하고 있다.

독일	미국	일본
2022년까지 98% 가구 5G 연결	실제도시와 같은 M-City 운영 (4만평 규모)	자율주행 대비 도로 교통법개정
2030년 완전자율주행 상용차목표	세계최초 자율주행 가이드라인 발표	2020년 도쿄올림픽 자율주행서비스계획

그림 2-55 세계 각국의 인프라와 법제 개정

미래 자동차의 경쟁력은 통신 인프라, 우수한 친환경 자동차의 성능 등 탄탄한 기반을 확보해야 한다. 우리나라는 자율주행·커넥티드 서비스 분야에 기술 지원이 가능한 세계 최고 인프라를 보유하고 있다. 그러나, 인지·판단의 부품·SW 등 인공 지능이 선진국 대비 크게 미흡하고, 센서·차 반도체 등 핵심 부품은 해외 의존도가 높다. 전기차와 수소연료전지전기차의 제조 기술력은 우수하고, 전기차의 배터리 부품를 제조하는 국내기업의 기술은 최고 수준이다. 하지만 배터리의 원천 소재인 리튬 등 희토류 금속과 전이 금속에 대한 해외 의존도가 높으므로 공급에 대한 버퍼는 문제 해결이 필요하다.

그림 2-56은 2022년도 9월 국내 자동차 등록 현황을 보여주고 있다. 9월 기준 친환경 자동차는 5.8% 등록 비중을 보이며, 일년 전보다 1.4% 상승하면서 연마다 지속적으로 상승하고 있다. 친환경 자동차 중에서 하이브리드 전기차(HEV)는 74.6% 비중을 차지하였고, 전기차(EV)는 23.5% 차지하며 2021년도에 비해 4.6% 시장 점유율이 향상되었다.

친환경차 등록 추이 단위: 대

구분	2016년 말	2017년 말	2018년 말	2019년 말	2020년 말	2021년 6월	2021년 말	2022년 9월
전체자동차	21,803,351	22,528,295	23,202,555	23,677,366	24,365,979	24,642,251	24,911,101	25,355,938
친환경차	244,158	339,134	461,733	601,048	820,329	973,515	1,159,087	1,477,756
하이브리드	233,216	313,856	405,084	506,047	674,461	785,143	908,240	1,103,642
전기차	10,855	25,108	55,756	89,918	134,962	173,147	231,443	347,395
수소차	87	170	893	5,083	10,906	15,225	19,404	26,719
친환경차 등록비중(%)	1.1	1.5	2	2.5	3.4	3.9	4.7	5.8

그림 2-56 국내 자동차 2022년도 등록 현황[22]

향후 미래 자동차의 산업이 급성장할 것으로 예측이 되며, 이에 따라 우리나라의 미래 자동차의 산업비전과 정책과제의 목표를 분명히 설정하고 구체적인 전략과 실행 및 모니터링을 통하여 미래 먹거리인 미래 자동차 산업을 선두해야 한다. 전기·수소차의 보급 세계 1위 국가, 세계시장 점유율 10% 달성을 목표로 한다. 2027년도는 전국 주요 도로가 자율 주행차의 기술 수준이 레벨-4 수준으로 도달할 수 있도록 인프라를 구축해야 한다. 민간투자를 기반으로 개방형 미래 자동차 상태계로 신속하게 전환해야 한다. 세계 최고 미래 자동차의 기술력을 확보하고, 매년 발생하는 교통사고로 인하여 사망하는 사망자를 1천명 이하로 감소시켜야 한다. 온실가스를 30% 감축하고, 인체 폐해와 시계를 악화시키는 미세먼지를 11%를 저감하여 공기의 질을 개선하여 선진국 대한민국을 견인해야 한다.

그림 2-57은 관계부처에서 합동으로 설정한 미래 자동차의 보급 로드맵이다. 2030년도는 전기·수소차 판매 비중이 연간 신차 판매의 33%를 차지할 수 있도록 목표를 제시하였다. 내연기관 자동차의 비중은 약 70%로 큰 역할을 할 것이며, 탄소 배출이 없는 수소엔진 등 미래 자동차가 필요하다.

【 수소·전기차 보급 로드맵(안) 】

구 분	'19~'20	'21~'22	'23~'25	'26~30

신차 Mix. (전망)

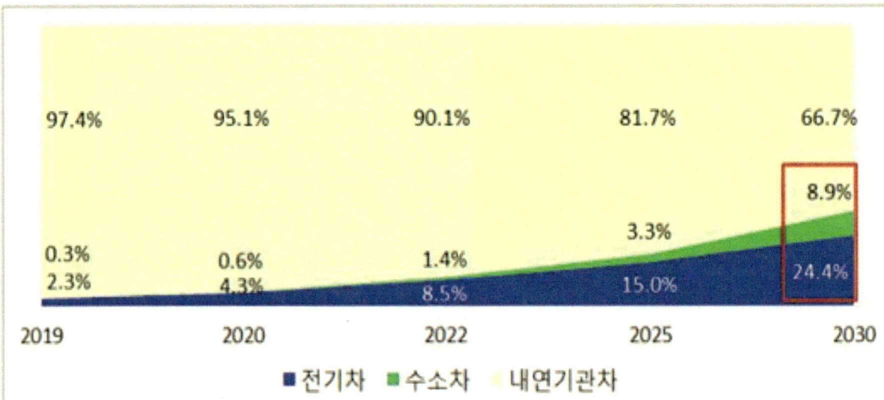

【 전기차 · 수소차 국내 연간 판매 목표 】

	2019	2020	2022	2025	2030	(누적)
전기차	4.2만대	7.8만대	15.3만대	27만대	44만대	300만대
수소차	0.6만대	1만대	2.5만대	6만대	16만대	85만대
판매비중	2.6%	4.9%	9.9%	18.3%	33.3%	

그림 2-57 수소 · 전기차 보급 로드맵(안)[23]

그림 2-58은 향후 친환경 자동차의 성능 개선 목표치를 나타내고 있다. 2030년 까지 전기 · 수소차의 모든 세그먼트의 친환경 자동차 라인업을 구축하여 차종 확대 및 세계 최고 수준의 성능을 개선시킨다. 전기차 전비(kWh 당 주행거리), 주행거리 등 성능 중심의 고효율화와 성능 향상을 달성한다. 수소연료전지전기차의 내구성 은 80만 km를 주행할 수 있는 수준의 내구성을 강화하고 부품의 국산화율은 100%를 달성하는 것을 목표로 한다.

미래차 구분		2019~2022년	2023~2025년	2026~2030년
EV	주행거리 향상	- 주행거리 400km('20) - 전비 6km/kWh('20)	- 주행거리 600km('25) - 전비 6.5km/kWh('25)	- 주행거리 600km 이상 - 전비 7.0km/kWh 이상
	충전속도 단축	- 충전출력 200kW('20)	- 충전출력 400kW('25)	
FCEV	내구성 향상	- 승용차: 16만km('22) - 상용차: 50만km('22)	- 승용차: 25만km('25)	- 승용차: 30만km('30) - 상용차: 80만km('30)

그림 2-58 친환경 자동차의 성능 목표

[2] CO_2 저감 기술

화석 연료에서 추출한 에너지를 내연기관 자동차에 공급하여 열에너지를 일로 변환하는 과정을 통하여 배출되는 유해 가스와 이산화탄소는 지구온난화와 환경 폐해를 야기시키고 있다. "탄소 중립"이라는 구호 아래 전 세계적으로 친환경 자동차 개발과 더불어 시장의 점유율이 상승하고 있지만, 최근 일어난 전기차 배터리 화재의 문제점과 안정성에 대한 문제점이 제기되었으며, 이에 대한 명확하고 확실한 솔류션이 제공되지 않음에 따라 전기차의 보급 속도가 주춤한 상황이다. 또한 수소연료전지전기차를 사용하는 소비자는 수소 제조량이 적고 충전에 대한 불편함이 야기됨에 따라 이를 극복하기 위한 종합적인 대책이 필요하다. 지구온난화로 인한 이상기후가 생활 속에서 체감할 수 있듯이, 친환경 자동차의 문제점 극복을 통한 CO_2 배출 없는 친환경 자동차 보급 확대와 더불어 CO_2 배출을 최소로 하는 가솔린엔진 기술과 Hybrid 기술 및 H_2-엔진(ICE)의 기술 혁신이 종합적으로 이루어져 한다. 산업화 이전 대비 2℃ 보다 현저히 낮은 수준 및 1.5℃ 상승 억제를 목표로 하는 "파리협정" 신기후 체제에서 적극적이고 능동적인 대응으로 기후 위기를 극복해야 한다.

그림 2-59는 CO_2 저감을 위한 신기술 연도별 로드맵이다. 가솔린 엔진은 초희박 고효율 연소 시스템과 Flexible fuel 엔진 기술을 도입하여 CO_2 배출을 최소화 하도록 신기술을 개발하고 상용화한다. 전처리 신 연소 기술과 배기 후처리 촉매시스템으로 유해 가스를 최소로 하며, Euro 7 배기 규제를 충족시켜야 한다. 친환경 자동차 중 가장 판매량이 많은 사용하기 편리하고 연비 효율이 높은 HEV는 다중연하이브리드 동력시스템 신기술을 도입하고, 구동 모터 적용 PHEV/EREV 차량시스템을 개발할 것이다. 또한, ICT 융합 지능형 하이브리드 동력시스템 제어기술을 고도화하여 CO_2를 혁신적으로 저감시키는 기술을 선도할 계획이다.

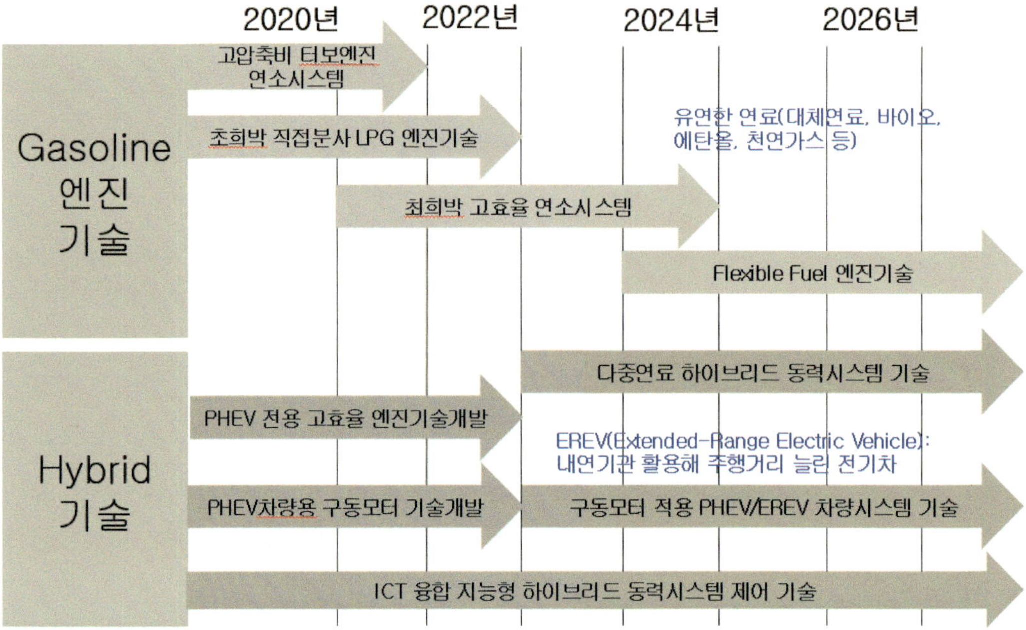

그림 2-59 CO_2 저감 신기술 로드맵

□ 학습정리 □

☞ 전기차는 가속에서 배터리 → 인버터 → 모터 →감속기를 경유하여 주행하며, 감속시에는 회생 제동모드로 전환하여 모터(스테이터코일) → EPCU(MCU→ 인버터) → 고전압 정선박스 → PRA → 고전압배터리로 충전한다.

☞ 전기차는 고전압배터리, 인버터, 모터, 감속기, OBC, 제어장치, 냉난방장치 및 전장장치로 구성되어 있으며, 고전압배터리가 가장 중요한 역할을 하며, 배터리관리 진단과 제어 및 배터리 전력의 기계와 전장품 분배를 위해 BMS와 PDU가 역할을 담당한다.

☞ 자동차용 배터리는 비에너지(Wh/kg), 에너지밀도(Wh/l), 비출력(kW/kg)가 커야 하며, cost가 저렴하고 사이클 수명(life cycle)이 길어야 한다.

☞ 리튬이온 전지는 양극재, 음극재, 전해질, 분리막으로 구성되며, 음극재는 흑연이(탄소층상구조) 사용되며 리튬(Li)이온이 탄소 층 사이에 삽입(interaction)되며 이때 에너지를 가해 주는 충전 과정에서 삽입된다.

☞ 전기차의 배터리 셀은 양극, 음극, 분리막, 전해질로 구성되어 있으며, 그 중 양극은 리튬 이온의 원천, 배터리 용량과 전압을 결정되며, 전고체 배터리는 에너지 밀도가 높고, 충전 시간을 빠르게하고 안정성을 확보할 수 있다.

☞ 전기차 배터리 시스템은 셀(cell) → 모듈(module) → 팩(pack) 구조로 되어 있으며, BMS에 의한 적절한 냉각 시스템 제어로 과열되지 않아야 한다.

☞ 차세대 배터리소재는 NCMA 양극재로써, 기존 LCO(리튬코발트화합물)에서 Ni, Mn, Al 등 전이금속을 적절하게 첨가하여 에너지 밀도를 높이고, 주행거리를 확보 및 배터리 수명을 길게 한다.

☞ 전기차는 배터리의 과열 및 과충전으로 인하여 화재가 발생되며, BMS에 의한 적정 용량으로 배터리 충전, 화학반응으로 발생한 배터리 열은 수냉시(절연성냉각수) 냉각시스템을 적용하여 냉각효율을 증가시킨다.

☞ 배터리 시스템의 전장장치는 BMS가 배터리의 전류, 전압, 온도 등을 센서로 통해 측정하고 배터리를 최적의 성능으로 제어하며, safety plug는 과전류 방지, A/S시 전원을 차단한다.

☞ EREV 고효율 엔진기술개발, 수소엔진 양산화 및 Flexible Fuel 엔진기술 혁신을 통한 종합적인 이산화탄소 배출량 감소가 필요하다.

복습문제

2.1 전기자동차에 대해 설명하시오

(1) 친환경 자동차의 정의

(2) 전기자동차의 개발 배경에 대해 설명

2.2 전기자동차의 작동 메커니즘을 설명하시오

(1) 전기자동차의 구성 부품과 역할을 설명

(2) 전기자동차의 동력 전달 원리와 운전 모드를 설명

(3) 전기자동차의 구성 부품과 역할을 설명

2.3 전기자동차의 구조를 이해하고 설명하시오

(1) 전기자동차의 동력원, 섀시장치의 세부 구조를 이해

(2) 전기자동차의 제어장치의 주요 장치의 원리를 설명

(3) BMS와 PDU를 정의하고 작동 원리를 설명

2.4 전기차의 배터리를 설명하시오

(1) 전기차의 배터리의 종류를 구분하고 이해

(2) 배터리의 구성 요소와 작동 메커니즘을 설명

2.5 전기자동차의 배터리 구조와 역할을 설명하시오

(1) 리튬이온 배터리의 개념

(2) 배터리의 4대 요소의 재료와 제조 방법을 이해

(3) 전기차 배터리의 시스템 및 전고체 배터리 설명

2.6 차세대 배터리 소재의 물리 · 화학적 특성을 설명하시오

(1) 양극재 소재의 특성을 이해

(2) NCM, NCA, NCMA 특징을 설명

2.7 전기차 배터리의 화재 원인 및 대책을 설명하시오

(1) 배터리의 화재 발생 경로를 설명

(2) 전기차 배터리의 화재 대응책을 설명

2.8 전기차의 전장장치와 섀시장치를 설명하시오

(1) 전기차의 구동계와 에너지 저장 장치를 이해하고 설명

(2) 전기차 충전시스템의 작동 메커니즘을 설명

2.9 이산화탄소(CO_2)의 저감 신기술을 정리하시오

(1) 가솔린 엔진의 신기술 로드맵을 설명

(2) 하이브리드 자동차의 신기술을 설명

chapter 2 참고문헌

[1] https://terms.naver.com/entry.naver?docId=6199961&cid=43667&categoryId=43667

[2] 배중호, 전기자동차 구조 및 보급 전망 보고서, 교통안전공단

[3] 업계자료 종합, 삼정KPMG 경제연구원 재구성

[4] https://www.fa119.com/E_Car_Div/low-voltage-dc-converter

[5] 강주원 자동차 홈, https://jwkang7.wo.to

[6] 네이버 블로그, 환경차(HEV, PHEV, EV) 고전압배터리, https://blog.naver.com/lagrange0115/220977096906

[7] ㈜미래이앤아이, https://www.fa119.com/E_Car_Div/high-voltage-power-distribution-unit

[8] 김재휘, 친환경전기동력자동차, 골든벨, 2022, p.252.

[9] https://terms.naver.com/entry.naver?docId=5662870&cid=62802&categoryId=62802

[10] https://m.blog.naver.com/lagrange0115/222111753927

[11] https:inside.lgensol.com/2022/08/전지전능한-전지-양극-음극-모두-커버-가능-cnt

[12] **https://m.newspim.com/news/view/20200623000686**

[13] https://blog.naver.com/tea3343/222132730764

[14] SNE research 2019 예상치

[15] **https://ko.wikipedia.org/**

[16] (인포그래픽#14)양극재구조알아보기-배터리인사이드 | BATTERYINSIDE(lgensol.com)

[17] https://weekly.chosun.com/news/articleView.html?idxno=22296

[18 https://www.kfpa.or.kr/webzine/202202/sub/disasters6.html

[19] 이준후외 4명, 전기자동차 배터리 화재원인 및 대응 방안에 관한 연구, 2023년도 대한전기학회 논문집, p. 252

[20] https://m.blog.naver.com/lagrange0115/220977096906

[21] https://m.blog.naver.com/tookterjin/221432977663

[22] 국도교통부, 2022.09관계부처합동, 미래 자동차 산업발전전략, 2019

[23] 관계부처합동, 미래 자동차 산업발전전략, 2019

수소연료전지 전기차(FCEV) 공학

CHAPTER 03

학습목표

- 연료전지의 작동원리 및 형식과 특성을 이해하고 활용할 수 있다.
- FCEV 시스템의 작동 메커니즘을 이해 할 수 있다.
- 수소특성과 활용 기술을 이해하고 설명할 수 있다.

3.1 연료전지의 작동원리

[1] 연료전지의 작동원리

(1) 연료 전지 정의 및 특성

FCEV(Fuel Cell Electric Vehicle)는 연료전지를 이용하여 발전하여 전기차 처럼 구동 모터를 작동하여 주행하는 자동차로써, CO_2가 전혀 배출되지 않는 친환경 자동차이다. 연료전지는 연료(수소 등)와 공기 중에 산소와 화학 반응하여, 전기 에너지로 전환해주는 특별한 장치(화학전기발전기)이며, 기존 열기관을 이용한 발전장치와 비교해 볼 때 에너지 전환율이 더 높다. 전기차의 배터리는 에너지 저장장치이며, FCEV의 FC는 에너지 전환기로서, 배출되는 물질은 H_2O 뿐이므로 가장 청정하고 미래지향적인 친환경 자동차이다. 수소(H_2)는 가장 청정하고 활성이 좋은 에너지원으로써 수소 생산, 저장, 운송 및 유통의 전 과정이 친환경적이고 경제성을 충족할 때 본격적인 수소경제가 도래하리라 본다.

(2) 연료전지 작동원리

연료전지는 Anode(-)에 에너지원인 H_2 분자, Cathode(+)에 공기분자 (O_2)를 공급하면,

화학반응을 통하여 열(heat)과 전기를 발생시킨다. 연료전지는 화학 반응속도(reaction rate)가 느린 편이므로 반응속도(reaction rate)를 증가시키기 위해, 수소극과 산소극 양면에 귀금속 촉매 물질 백금(Pt)를 코팅하여 화학 반응속도를 향상시킨다. 연료전지에서 최종적으로 배출되는 물질은 H_2O로, CO_2가 전혀 배출되지 않는 청정하고 탄소 중립 정책에 부합하는 시스템이다. 연료전지의 수소극과 공기극의 화학반응 메커니즘은 식(3.1)~(3.3)과 같다.

* 수소극(anode, -) : $2H_2 \rightarrow 4H^+ + 4e^-$ 또는 $H_2 \rightarrow 2H^+ + 2e^-$ (3.1)
* 공기극(cathode, +) : $O_2 + 4e^- + 4H^+ \rightarrow 2H_2O$+에너지(전기 또는 열에너지) (3.2)
  또는 $1/2O + 2e^- + 2H^+ \rightarrow H_2O$+에너지(전기 또는 열에너지)
* 전체반응: $2H_2 + O_2 \rightarrow 2(H_2O)$ (3.3)

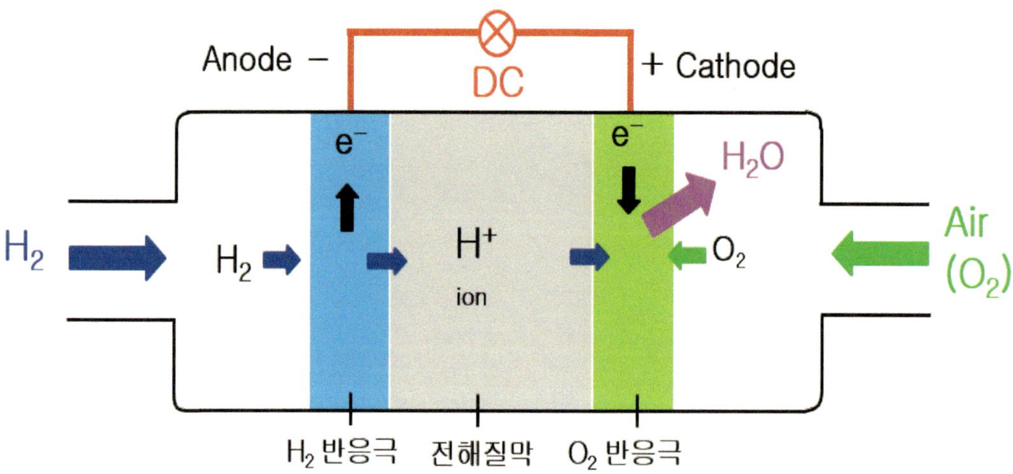

그림 3-1 연료전지의 작동 메커니즘

그림 3-2는 수전해 작동 메커니즘을 나타내고 있다. 수전해(물의 전기분해)는 금속산화물로 제조된 Anode(+)와 Cathode(-)에 DC 직류전류를 공급하면, Anode(+)에서 O_2, Cathode에서 H_2가 생성된다. H_2 생산 방법 중에서 가장 청정한 그린 수소 방법이나, 많은 에너지원이 소요되므로 활성이 좋은 촉매 물질 개발을 위해 연구 개발 중이며, 향후 활용도가 높은 기술이다.

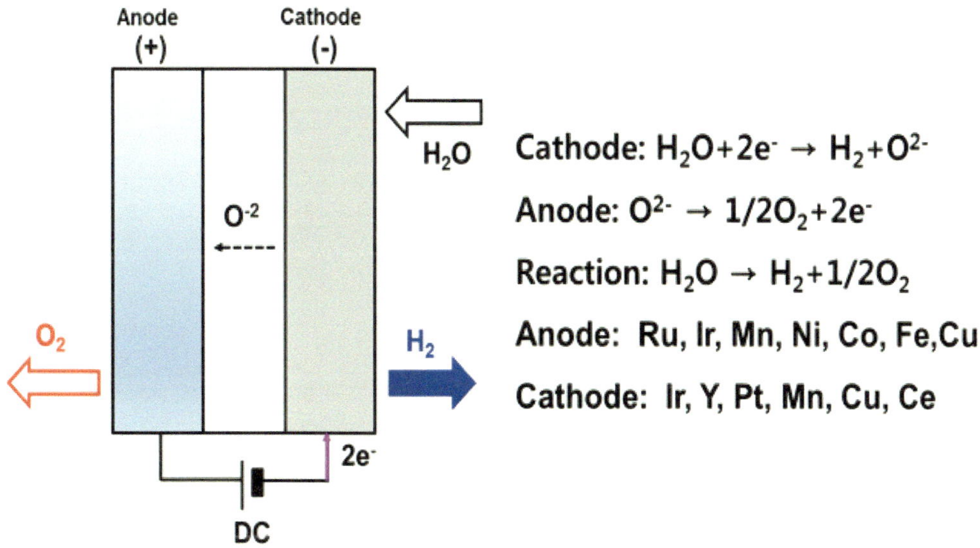

그림 3-2 수전해의 작동 메커니즘

[2] 연료전지의 형식 및 특성

(1) 연료전지 형식 및 특성

연료전지는 그림 3-3과 같이 현재 6종류로 분류되며 사용되는 Anode(-)와 Cathode(+), 전해질(electrolyte)에 따라 각각 다른 특징을 나타낸다. Anode(-)는 주로 H_2가 공급되며, Cathode(+)는 O_2가 공급된다. 전기효율은 40~70% 수준이며 자동차, 우주선, 군용 및 소규모 발전용으로 PEMFC가 주로 사용되며, 출력밀도가 높으며 작동특성이 우수하다. PEMFC와 DEMFC 모두 전해질은 수소이온교환막을 사용한다.

고분자전해질 연료전지(PEMFC: Plolymer Electrolyte Memberane FC)는 '수소이온 교환막 연료전지' 또는 '양성자 교환막 연료전지'라고도 한다. 수소이온을 투과 시킬 수 있는 PEMFC는 전류밀도가 높고 고출력이며, 저온에서(평균 80℃) 작동이 가능하며 구조가 간단하고 시동성과 응답성이 빨라 자동차용으로 적합하다. 직접메탄올 연료전지(DMFC: Direct Methanol FC)는 액체 또는 증기상태의 메탄올-물을 혼합하여 사용하며, 연료탱크에 저장할 수 있는 장점을 가지고 있다. 에노드(-극)에 메탄올(CH_3OH)을 직접 공급하며, 메탄올 분해 시 원하지 않는 반응으로 산화되는 문제가 발생하며, 전기효율은 20~30%로 낮은 편이다.

그림 3-4는 연료전지 종류 및 전해질 공급 특성을 나타내고 있다. 연료전지는 전해질에 따라 분류하며, Anode(-)극에 공급되는 연료, 작동온도, 용도에 따라 적합한 연료전지를 사용해야 한다.

Type	Electrolyte	Anode(−)	Cathode(+)	전기효율	특징	용도
PEMFC	수소이온 교환막	H_2	O_2	50~70%	출력밀도가 높으며, 작동특성이 좋음	자동차, 우주선, 군용, 소규모 발전
DMFC	수소이온 교환막	메탄올 (CH_3OH)	O_2	20~30%	메탄올 연료로 직접 운전	주택용 에너지 공급
AFC	가성칼륨 용액	최고순도 H_2	최고순도 O_2	60~70%	CO_2에 민감하며, 고순도에너지사용	우주선, 군용
PAFC	인산	H_2, CH_4	O_2	40~55%	부식문제, 긴 시동시간	소규모 발전, 열병합발전
SOFC	ZrO_2	H_2, CH_4	O_2	45~65%	고온세라믹, 부식문제, 천연가스로 직접발전가능	열병합발전, 소규모 발전소
MOFC	알칼리 탄산염 용융액	H_2, CH_4	O_2	45~55%	Cylcle이 복잡, FC 부식문제	중/대규모 발전소, 열병합 발전

그림 3-3 연료전지의 형식 및 특성

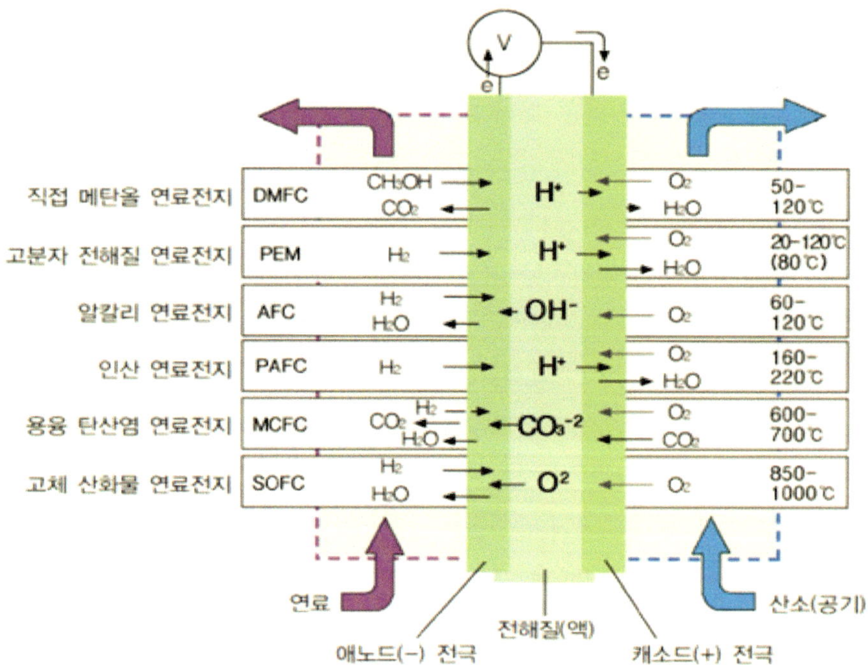

그림 3-4 연료전지의 종류 및 전해질 공급[1)]

(2) PEMFC의 작동원리

그림 3-5는 Anode(-) 극의 구조를 나타내고 있다. 자동차용으로 다용되는 PEMFC는 양극판(bipolar plate), PEM, 백금 촉매층, 확산층으로 하나의 셀(cell)을 만들고, 셀을 직렬로 연결한 스택(stack)으로 되어 있다. PEM(고분자 전해질 박막)은 수소 양성자 또는 수소 이온(H^+)을 흡수하고, 전자(e^-)는 표면에 달라붙게 하는 고분자 고체 전해질(electrolyte)의 얇은 막(foil)이며, 수소 연료전지의 핵심 부품이다. 백금 촉매층은 PEM의 양면에는 두께가 약 5μm로 백금을 증착, 도포(coating)하였고, PEM의 표면에서 수소가 양성자(H^+)와 전자(e^-)로 쉽게 분리 되도록 화학 반응을 촉진시킨다.

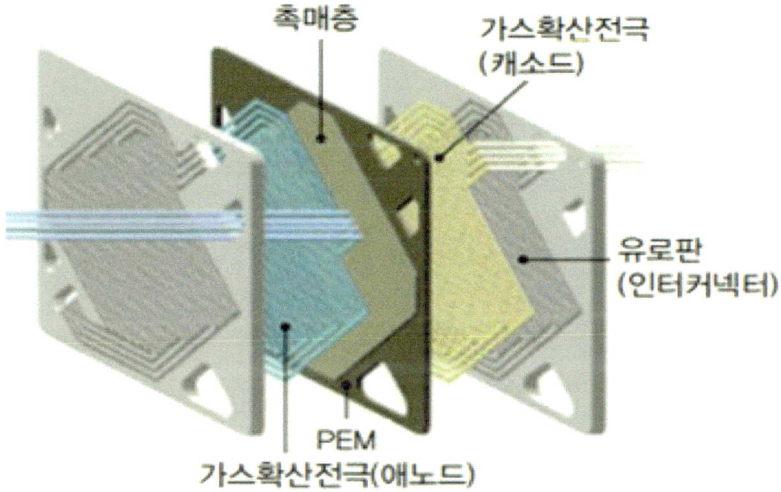

그림 3-5 Anode의 구조[2)]

그림 3-6은 단위 셀(unit cell)의 세부 구조를 나타내고 있으며, 양극판(bipolar plate)은 PEM 양쪽의 백금 촉매층 위에 도포된 탄소 종이(carbon paper) 층이며, Anode(-극)에는 수소를, Cathode(+극)에 산소를 공급하는 수단이며 인접한 셀을 직렬로 연결하는 내부 연결자(inter-connector) 역할을 한다. 셀(cell)은 단전지로써 양극판 → 가스 확산 층 → 촉매 층 → PEM → 촉매 층 → 가스 확산 층 → 양극판의 순서로 대층으로 배열되어 있다. 그림 3-7은 Stack의 세부 구조를 나타내고 있으며, 직렬 다이렉트로 연결하여 일체형으로 만든다.

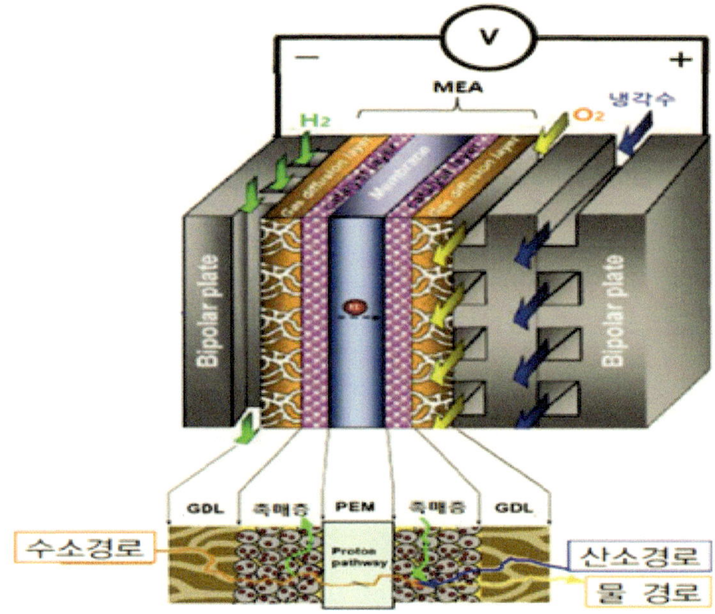

그림 3-6 Unit cell의 세부 구조[1)]

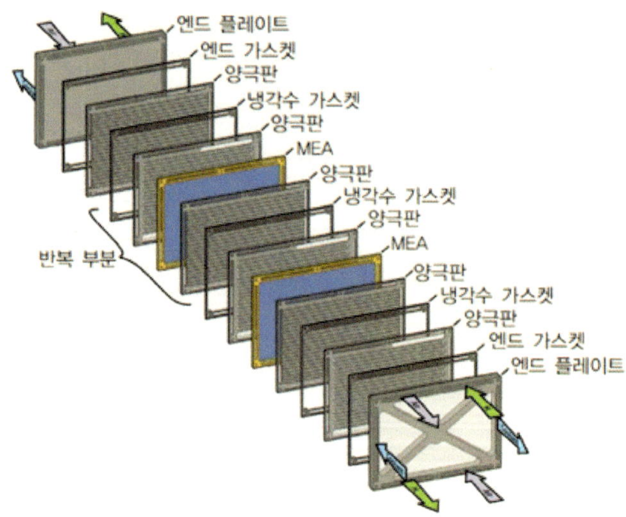

그림 3-7 Stack의 세부 구조[1)]

그림 3-8은 PEMFC의 세부 구조와 작동 메커니즘을 나타내고 있다. 수소와 산소원자는 연료전지의 anode(-극)와 cathode(+극)로 공급되며, PEM(이온 교환막)은 수소이온(H^+)만을 통과시켜 cathode(+극)로 보내고, 전자(e^-)는 통과하지 못한다. 전자는 Anode 측의 양극판(兩極板)에 달라붙어 전자과잉 상태로 만들며, 캐소드 측의 촉매는 공기 중에 포함된 산소 분자가 전자를 쉽게 흡수하도록 들뜨게 한다. 이들 두 양극판(兩極板)에 전기 부하를 연결하면, 전자(e^-)는 anode(-극) 극판으로부터 전기 부하를 거쳐 cathode(+극) 양극판으로 흐르면서 기전력을 발생한다.

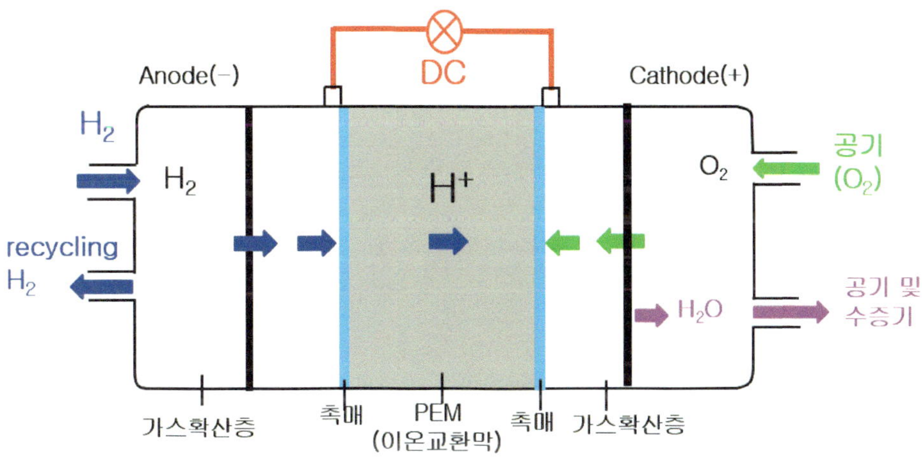

그림 3-8 PEMFC의 작동 메커니즘

3.2 FCEV 시스템의 작동 메커니즘

[1] FCEV의 개요

(1) FCEV의 개요

FCEV(Fuel Cell Electric Vehicle)의 역사를 살펴보면, 1838년 쉔바인(1799-1838년, 독일)이 수소(H_2)와 산소(O_2)의 반응이 전기 에너지를 방출한다는 사실을 발견하였다. 1839년 그로브(1811-1896년, 영국)는 전기 분해의 역반응을 확인하였으며, 1842년에 최초로 연료전지를 개발하였다. 1994년 Daimler-Benz가 PEM(Polymer-Electrolyte-Membrane) 연료전지를 장착한 최초의 연료전지 "NeCar-1"을 발표하였고 양산 가능성을 확인하였다. FCEV는 소형차의 경우 수소 1회 충전으로 약 600km를 주행할 수 있으며, 약 3-6분이면 충전이 가능하여 전기자동차보다 충전에 관한 시간 소요가 적은 장점이 있다. 장기적으로 H_2를 어떤 에너지를 이용하여 친환경적으로 생산하고 저장하며 운송 및 충전할 것인가 숙제이다.

그림 3-9는 국내 유수 기업에서 제작하여 시판 중인 FCEV의 차량을 보여주고 있다. 연료 전지(fuel cell)에서 수소와 공기 중의 산소를 반응시켜 얻은 전기를 이용해 구동 모터를 구동하는 방식으로 운행하는 친환경 자동차인 FCEV는 엔진이 없기 때문에 배기가스 및 오염 물질을 전혀 배출하지 않는다. 차 내부에는 연료전지 스택, 구동 모터, 배터리, 수소탱크 등이 탑재된다. FCEV는 수소 공급에 따라 압축 수소탱크 또는 액체 수소탱크를 이용해 수소를 공급하는 방식과 메탄올을 분해하여 수소를 공급하는 방식(압축식, 개질식)이 있다.

그림 3-9 시판중인 FCEV 차량[3)]

[2] FCEV의 작동 메커니즘

(1) FCEV의 작동 메커니즘

FCEV는 전기발생기(연료전지 스택), 수소 공급장치, 공기 공급장치, 열관리 장치(물관리/냉각/가습 등) 그리고 제어 장치로 구성되어 있다. 전기자동차와 같이 내연기관이 없으므로 부품과 시스템이 간소화되었고, 구동모터를 이용하여 주행하므로 정숙함과 안정성을 확보하였다. 그림 3-11에서 볼 수 있듯이 시판중인 FC시스템으로 연료전지 스택, 수소, 공기, 열관리시스템 등으로 완제품화 되어 있어서 자동차 외에도 향후 출력이 많이 요구되는 중장비 및 도심항공교통 UAM(Urban Air Mobility)에 활성성이 크다.

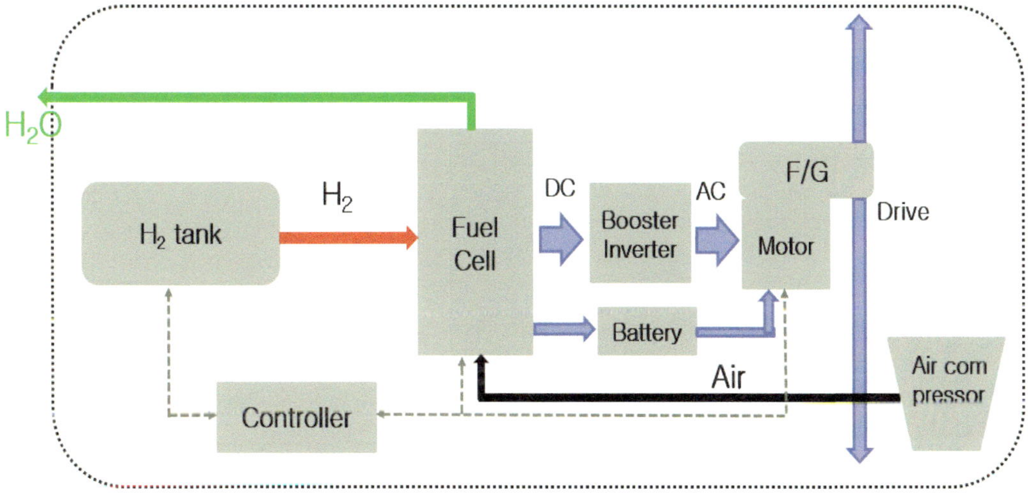

그림 3-10 FCEV의 시스템 구성도

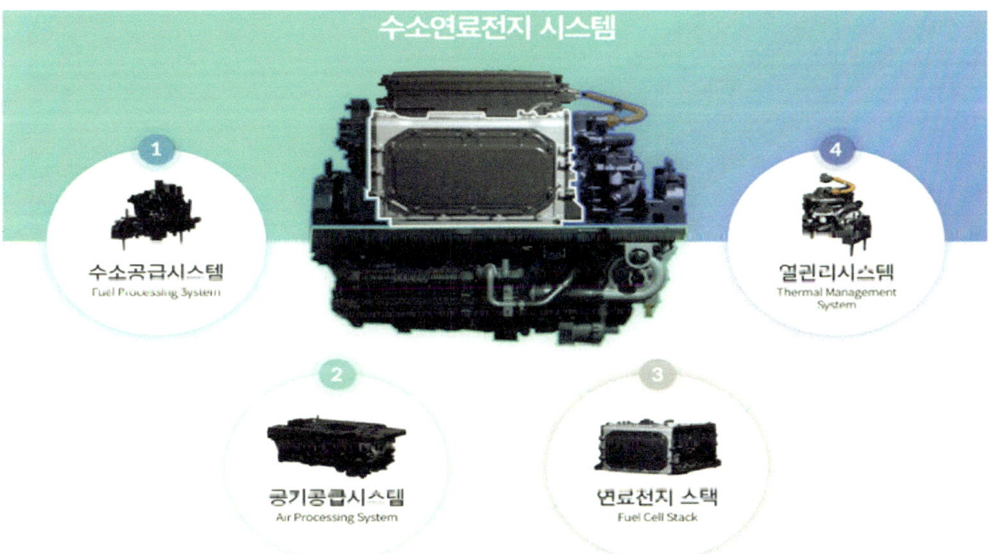

그림 3-11 FCEV의 시스템 이미지[4)]

(2) 수소공급장치

FCEV에서 전기를 발생하는 곳은 연료전지(fuel cell)이며 anode(-)극에 수소가 공급된다. 청정에너지원인 수소에너지 공급 장치는 그림 3-12와 같다. 수소 연료탱크에 약 700bar의 고압으로 H_2를 충전한다. 감압밸브로 수소 가스압력을 10bar 수준으로 하강시킨다. 압력조절기는 1.15~1.45bar로 압력을 조정하여 수소 분사노즐에 공급한다. 제어 장치로 의해 분사노즐에서 공급된 수소를 연료전지 스택의 anode(-)극에 적절하게 공급하는 경로를 가진다.

계량 유닛은 전체 시스템의 출력 조절을 위해 수소의 질량 유량을 계량하며, 애노드(-)극의 수소 부족 현상의 발생을 방지하는 기능을 가진다. (-)극 측의 수소 압력을 규정 최대값 이하로 제어하며, (-)극 측과 (+)극 측 사이의 압력 평형을 유지하게 하며 새로운 기체에 가습을 한다. 수소가 공기 중에 체적비로 4% 혼합되어 있으면 점화될 수 있으며, 수소 누설감지 센서가 수소의 누설(공기 중의 수소 혼합비 1%(vol.)을 감지하면, 제어유닛은 전체 시스템의 작동을 정지하는 안전장치가 설치되어 있다.

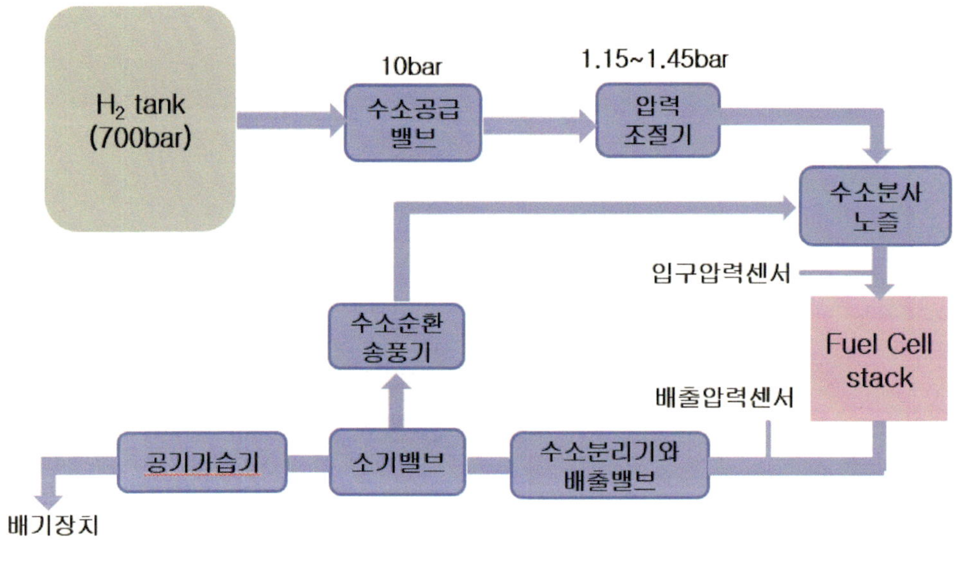

그림 3-12 FCEV의 수소 공급 장치의 개략도

(3) 공기 공급 장치

FCEV 수소연료전지전기차는 전기를 발생시키는 연료전지의 cathode(+) 극에 공기가 공급된다. 그림 3-13은 FCEV의 공기 공급장치(APS, Air Processing System)의 개략도를 나타내고 있다. 공기에 있는 이물질은 Air filter에서 제거하여 공기차단 밸브로 공기를 청정 공기를 보낸다. 전동식 Air compressor는 차량 요구에 따라 출력을 내기 위해 공기를 압축하여 공기를 공기 냉각기로 공급한다. 공기 냉각기는 공기를 냉각하여 공기 밀도를 크게 하여 공기 가습기(air humidifier)로 공기를 보낸다. 공기 가습기는 공기를 가습하여 연료전지 스택의 cathode(+)극에 공급한다. 공기 공급 장치 중간 라인에 공기 차단밸브가 장착되어 공기의 전체적인 공급을 on/off 제어한다.

여기서 중요한 역할을 담당하는 공기 가습기는 PEMFC에서 물의 분배와 수질은 연료전지의 효율과 수명에 큰 영향을 미치며, 박막이 마르지 않아야 하고, 부수적으로 생성되는 물에 의해 가스 통로가 막히지 않아야 한다. 또한 공기를 가습하는 데는 PEMFC에서 생성되는 부산물인 증기상태의 물을 사용하며, 이 증기상태의 물이 cathode(+)를 거쳐 배출되는 온도는 약 80℃ 정도이다. 이 증기상태의 물을 공기 가습기에 보내 공기의 습도를 약 98%(80~99%)로 높여서 cathode(+)극으로 다시 공급한다.

그림 3 14는 FCEV의 수소와 공기 공급 장치시스템을 나타내고 있다. 수소 탱크로부터 공급된 수소는 적절하게 조정된 수소 압력을 이젝터를 통하여 스택에 공급된다. 공기 공급 장치는 에어 클리너를 거친 후 공기유량센서가 ECU로 신호를 보낸다. 차량 출력에 대응하기 위해 공기압축기를 걸쳐 가습기를 경유한 후 공기차단기를 통한다. 적절한 양으로 조절된 공기는 스택에 공급되어 화학반응을 통하여 전기를 생산해낸다.

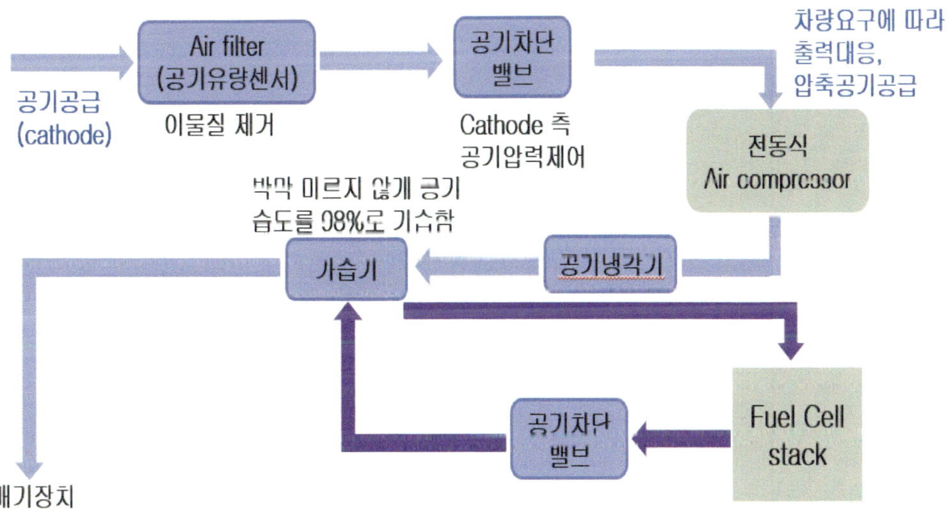

그림 3-13 FCEV의 공기 공급장치의 개략도

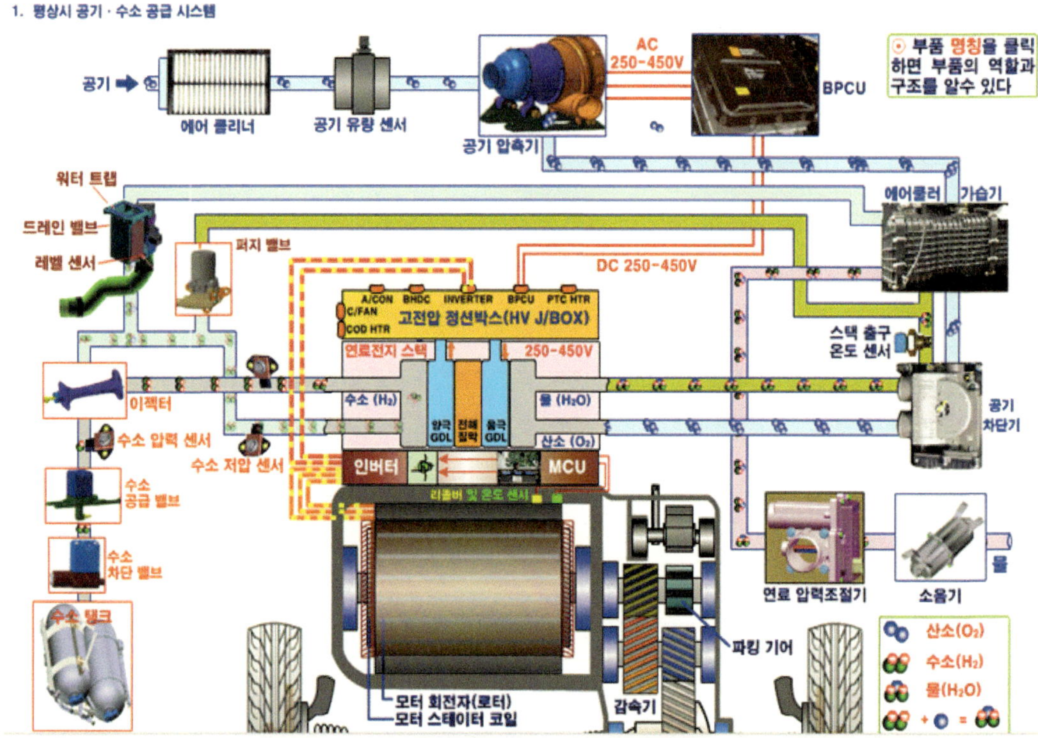

그림 3-14 FCEV의 수소와 공기 공급시스템[5]

(4) 열관리 장치

열관리(thermal management)시스템은 냉간 시동시에 연료전지 스택을 가능한 빠르게 약 80℃의 작동 온도로 가열하며, 모든 작동상태에서 여러 장치의 정상 작동온도를 유지하는 역할을 한다. 시동 시에 PTC-히터는 히팅하여 스택을 워밍업시키며, 뜨거워진 물은 발열기를 통하여 냉각시켜 3방향 밸브와 냉각수 펌프를 경유한다. 운전자가 필요로 하는 실내 난방기 또한 PTC-히터와 연결되어 실내를 난방 한다. 여기서 냉각수는 스택의 전극과 직접 접촉하므로 전기전도성이 없어야 하므로 탈이온기로 이온을 제거한다.

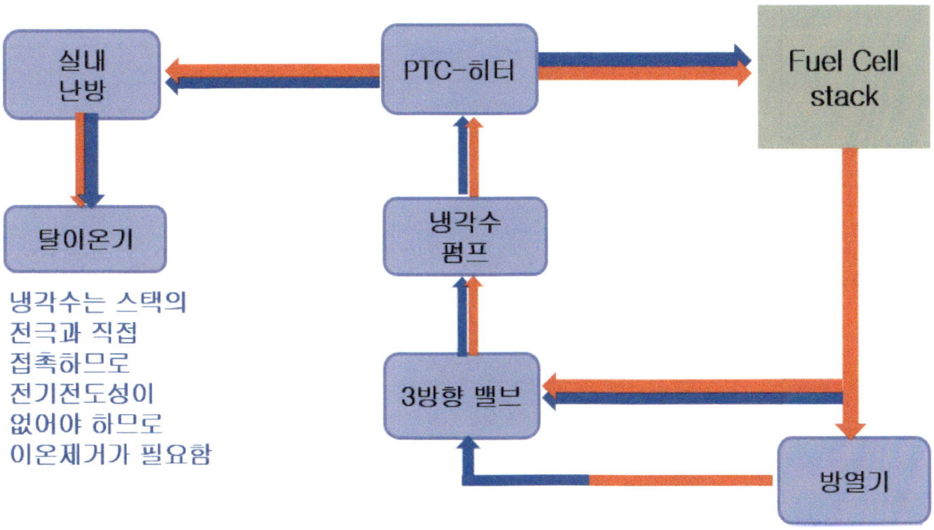

그림 3-15 FCEV의 열관리시스템

(5) 고전압 분배시스템

전기자동차와 같이 수소연료전지전기자동차 또한 스택에서 발생한 전기에너지를 이용하여 자동차를 운행하므로, 고전압 전력을 사용하며 스택, 수소, 공기, 열관리 등의 시스템에 대하여 최소 12V~450V의 고전압을 사용함으로 유의가 필요하다. 고전압 정션박스(HV J/BOX)와 연결된 각종 전장장치 인 스택 냉각펌프(CSP), A/C 컴프레서, 쿨링 팬, 산소-수소(COD) 히터, 공기압축기, PTC-히터 등은 240~450V의 고전압으로 연결되어 있다. 고전압 배터리(240V)와 고전압 정션박스의 BHDC(Bi-directional high voltage)는 양방향 고전압 직류를 변환하는 정치이다. BPCU(Bolwer Power Control Unit)는 블로워의 파워를 조정하는 제어 유닛이다. FCEV의 전장 장치는 주로 DC 전류를 사용하며, 구동모터는 AC 전원을 필요로 하므로 인버터를 통하여 정류하여 사용한다.

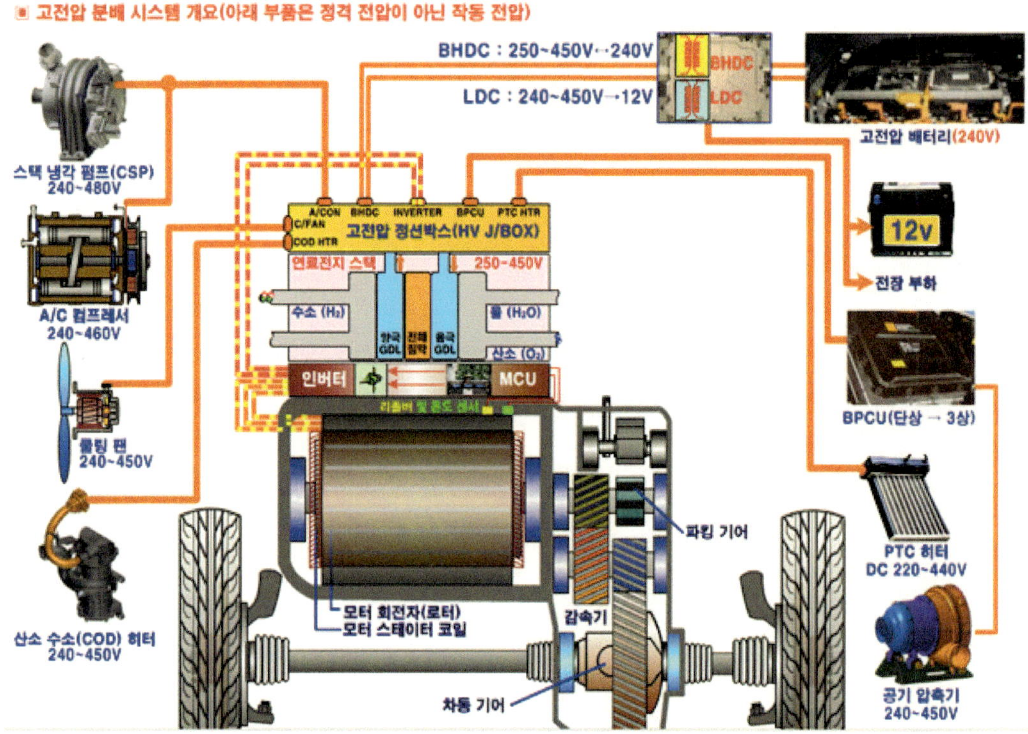

그림 3-16 FCEV의 고전압 분배 시스템[6]

3.3 수소특성과 수소 저장장치

[1] 수소특성

(1) 수소의 개요

수소(H_2)는 주기율표 1족 1주기에 속하는 비금속 원소로 원소기호 H이며, 원자량은 1.00794g/mol, 끓는점(boiling point)은 -252.87℃, 녹는점(melting point)은 −259.14℃, 밀도(density)는 0.08988g/L이다. 지구상에 존재하는 가장 가벼운 원소로 무색·무미·무취의 기체이며, 주로 수소 분자 H_2로 이루어지며, 태양을 비롯한 우주에 수소 가스 및 원자 상태의 수소의 존재가 인정된다. 수소는 연소하더라도 공해 물질을 내뿜지 않아 석탄, 석유를 대체할 무공해 에너지원으로써 중시되고 있다.

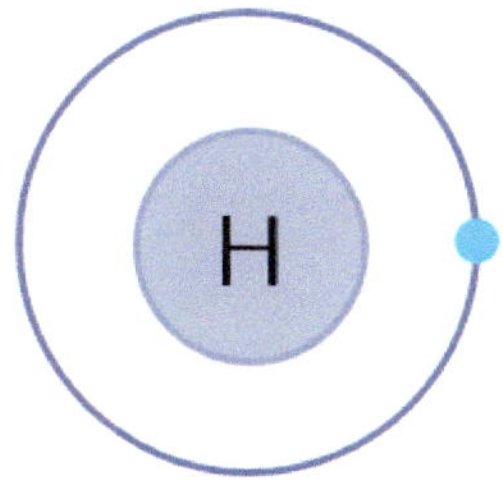

수소(H_2)의 역사를 살펴보면, 영국의 헨리 캐번디시가 1766년에 묽은 산(rare acid)과 금속(metal)과의 반응에서 생성되는 물질을 처음으로 확인하였으나, 연소설에 따라 수소를 원소(element)로 인식 못하였다. 앙투안 L. 라부아지에(프랑스 화학자)가 수소를 새로운 원소로 인식하였고, 1783년에 작렬(극렬하게 터져 나옴)한 철관 속에 수증기를 통과시켜 물(H_2O)을 분해하여 수소를 추출하는 데 성공하였다. 원소명은 그리스어의 물을 뜻하는 히드로(hydro)와 생성한다는 제나오(gennao)를 합쳐서 영어명으로 hydrogen이라 칭하였다.

(2) 수소의 물리 · 화학적 특성

수소(H_2)는 대기와 지각의 구성 물질로 지구상과 태양에 풍부하게 존재하며, 수소기체 상태가 아닌 화합물 상태로 존재한다(CH_4, C_3H_8, C_8H_{18} etc). 물에 대한 용해도가 매우 작아 물에 잘 녹지 않으며, 실온에서는 반응성이 작지만 온도가 상승하면 반응성이 커지며, 수소는 연소하기 쉬운 기체로 공기나 산소와 접촉하면 쉽게 점화된다. H_2-Air 혼합 기체는 점화하면 폭발적인 연소(combustion) 반응을 보이며, 점화되는 발화에너지가 작아 아주 미세한 정전기에도 쉽게 발화되는 특성을 가지고 있다. 많은 금속과도 직접 반응하여 수화물을 만들며, 금속 염화물이나 산화물을 가열하면 환원되어 금속을 생성하며, 화합물 중에서 산화수는 +1 또는 −1값을 가진다.

그림 3-17은 수소 원소 종류를 나타내고 있으며, 질량수에 따라 수소, 중수소 및 삼중수소로 구분한다. 수소의 동위원소로는 질량수 2 및 3인 것(중수소, 삼중수소)가 있으며, 다른 원소와는 달리 보통 수소 원자의 2배·3배로 질량의 차가 뚜렷하여 성질이 동위 원소별로 성질이 다르다. 중수소가 많이 포함된 물을 중수, 중성자 감속재나 원자로 냉매로 사용되며 인체에 유해하므로 주의가 필요하며, FCEV용으로는 수소 분자(H_2)가 사용된다.

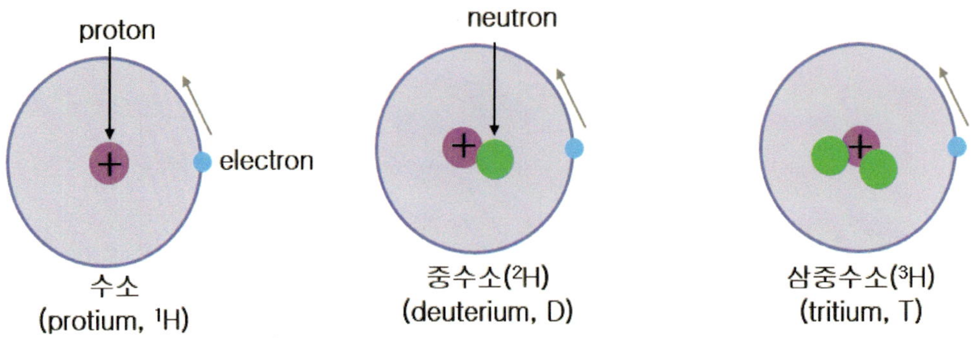

그림 3-17 수소 원소 종류

(3) 수소의 용도 및 안정성

이산화탄소가 배출되지 않는 무탄소 에너지원인 수소에 대한 관심과 이를 활용한 연구개발이 활용하게 진행되고 있다. 수소는 지구온난화 문제점을 해결할 수 있는 해결사(solver)이다, 자동차, 선박, 건설기계, 보일러, 항공 드론 등 다양하게 활용도가 증가할 수 있는 '수소경제'를 견인할 청정 에너지원이다. 암모니아·염산·메탄올 등의 합성에 대량으로 사용되며, 액체 연료의 제조, 기름을 경화시키기 위해 수소 첨가, 산소 수소 불꽃으로 금속의 절단과 용접 등에 사용된다. 액체 수소는 끓는점이 아주 낮기 때문에 냉각제(refrigerant)로 사용되며, 연소열이 큰 장점이 있으나 저장과 운반이 매우 어렵고 폭발(explosion) 위험이 있으므로 이에 대한 해결 기술이 보완이 되어야 한다.

FCEV용 수소의 안정성에 대해 알아보자. 그림 3-18은 중수소 및 삼중수소의 핵융합 반응을 나타내고 있다. 중수소와 삼중수소는 핵융합 반응을 하면서 He(헬륨)을 생성하는데, 에너지가 450배 크게 증가하기 때문에 수소 폭탄용으로 사용되므로 위험한 가스이다.

그림 3-19는 FCEV용 수소의 안정성에 대해 항목별로 정리하였다. 연료전지 스택의 anode(-)에 공급되는 수소는 수소 분자(H_2)로 공급되기 때문에 안전하다. 공기 중에 수소가 4~75% 존재 할 때 폭발하나 특성상 폭발 가능성은 희박하다. 또한, 자연 발화온도는 575℃이며, 휘발유(500℃) 등 보다 높아 안전하다. FCEV에서 긴급 상황이 발생할 때 수소 공급차단 및 대기방출 장치 등 안전장치가 탑재되어 있으며, 수소 충전소 시설에 긴급 차단장치 등 이중삼중으로 안전장비가 설치되어 있어서 안전하다. 수소 탱크는 철보다 10배 강한 '탄소섬유강화플라스틱(CFRP)'을 사용하므로 폭발에 대한 안정성을 확보하였다. 그러나 고압탱크를 700기압, -253℃까지 온도를 떨어뜨려서 액화 상태로 저장해야 수소 충전량이 많으므로, 수소 탱크의 열손실 문제 극복을 위한 기술력을 확보해야 한다.

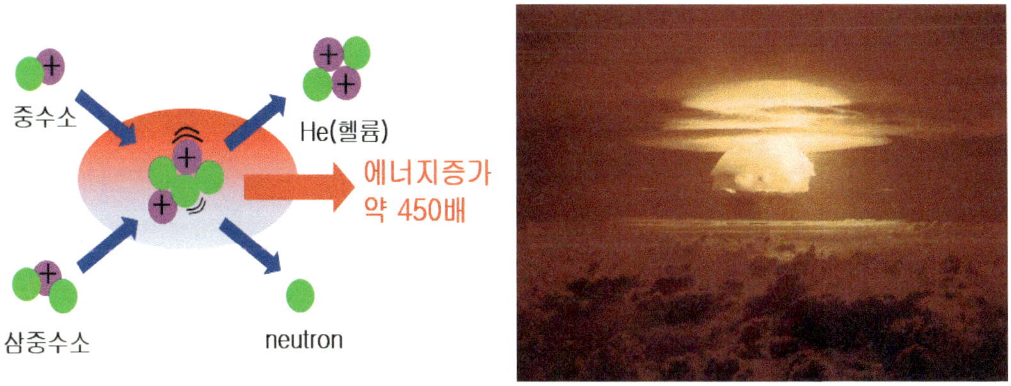

그림 3-18 중수소 및 삼중수소의 핵융합 반응[7]

Contents	FCEV용 수소	비고
화학식	수소분자(H_2)	수소폭탄용 수소는 중수소·삼중수소
폭발 가능성	공기 중에 수소가 4~75% 존재 시 폭발하나, 특성상 가능성은 희박함	
자연 발화온도	자연 발화온도는 575℃이며, 휘발유(500℃) 등 보다 높아 안전함	
수소탱크 저장 압력/온도	고압탱크에 700기압, -253℃까지 온도를 떨어뜨려 액화 상태로 저장	수소탱크의 열손실 문제극복 필요
ECEV의 수소 안전 제어 시스템	-긴급시 수소공급차단 및 대기방출 장치 등 안전장치가 탑재 -수소충전소 시설에 긴급차단장치 등 이중삼중으로 안전장비 설치	
수소탱크 재료	철보다 10배 강한 '탄소섬유강화플라스틱(CFRP)' 사용	낙하충격시험, 파열시험, 충격시험

그림 3-19 FCEV용 수소의 안정성

[2] 수소 저장 장치

FCEV는 에너지 수소를 충분하게 저장할 수 있어야 하며, 연료 탱크에 한번 충전하면 최소 500km 이상은 주행이 가능해야 편리성과 경제성을 확보할 수 있다. 통상적으로 FCEV는 수소 1kg으로 100km당 정도(실 주행데이터는 85km이상) 주행이 가능하며, 연료전지(FC)+배터리(battery)의 하이브리드 비율이 2:1일 때 수소 1kg당 120km이상 주행거리 확보가 가능하다. 수소 저장 장치(탱크)는 수명이 길고 저렴하고, 사용 제한이 없어야 하며 엄격한 안전기준을 충족해야 한다. 압축기를 사용하여 수소를 압축 기체형태로 저장(압축 H_2:CH_2)하는 방법과 냉각(-253℃)과 압축(약 4bar)을 통해 액상으로 저장하는 방법 및 대체 저장장치로 분류된다.

압축수소탱크 저장방식은 압력 700bar의 고압 탱크가 표준이며, 최대 약 875bar로 충전되며, 압축에 소비되는 에너지는 저장된 수소에너지의 약 10% 수준이다. 자동차에서는 압축 기체 수소를 사용하며, 고압탱크는 충돌테스트와 같은 '자동차산업의 모든 안전기준 충족' 해야 한다. 차량에서 이용 가능한 공간을 최적으로 활용하기 위해, 1~3개의 원통형 고압탱크가 사용된다. 그림 3-20은 수소탱크의 구조를 나타내고 있으며, 안전기준의 항목에 따라 강도와 압력 등 다양한 내구 성능이 확보된 제품만 상용화가 가능하다.

그림 3-21은 액화수소탱크를 나타내고 있으며, 대량의 수소를 저장하기 위해 사용된다. 수소를 액화(liquefaction)하여 −253℃의 특수 단열된 진공 저온탱크에 저장하며 작동 압력은 4bar로 가한다. 온도를 낮추어 수소 충전량을 증대시킬 수 있는 장점이 크다. 그러나 액화수소 저장 방식의 단점은 단열 손실 및 증발 손실(24시간 이내에 저장된 양의 1-3% 비등)과 수소 액화비용이 저장된 에너지의 약 30% 수준에 이르는 문제점을 가지고 있다.

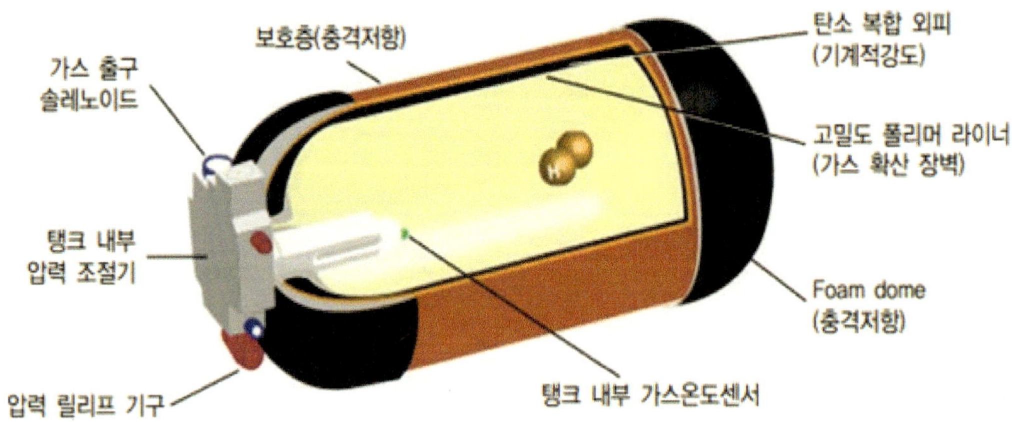

그림 3-20 수소탱크의 구조[8)]

그림 3-21 액화수소탱크[9]

대체 저장장치는 개질기(reformer)를 이용하여 수소를 저장하는 방법이다. 수소가 결합된 액체 및 고체에 기반하여 대안적인 유형의 수소 저장 방법이며, 수소 전구체(precursor)는 CH_4, NH_3, 메탄올(CH_3OH), 하이드라진(N_2H_4)등 이 있으며, 개질기(촉매)가 필요하다. 단열 같은 문제점을 가지고 있는 액화수소방식에 비해, 에너지 운반체(고압 탱크)에 저장이 쉬운 이점이 있으나, 수소 수율(yield, %)이 좋은 개질기 개발이 관건이다.

그림 3-22는 청정수소의 저장방법의 특징을 간략하게 나타내었다. 수소 충전량을 증가시키기 위해서는 액화수소탱크 저장방법이 좋은 방법이라고 할 수 있으며, 단열과 증발 손실에 대한 문제점을 극복 가능한 기술혁신으로 수소 활용도를 높일 필요가 있다.

수소저장방법	주요 특성
Compressed H_2 저장탱크	200, 300, 750bar, 저장 시 약 10%의 에너지 비용발생
Liquefied H_2 수소 저장탱크	끓는점(비등점) -252.8℃, 20리터 체적에 수소 1.4kg 저장가능, 30%의 에너지 비용발생
금속수소화물 저장탱크	수소를 금속, 금속수소화물에 저장, Fe, Ti, La, NaAl-결합
HC	CH_4, NH_3, CH_3OH, 에탄올(C_2H_5OH)

그림 3-22 수소 저장방법의 특징

3.4 수소생산방식과 인프라 및 총효율

[1] 수소생산방식

(1) 수소생산방식

수소(H_2)는 생산방식에 따라 그린(green), 그레이(gray), 브라운(brown), 블루(blue) 수소로 구분한다. 그림 3-23은 수소 생산방식에서 주요 생산방식 및 특징을 나타내고 있다. 그린 수소는 태양광, 풍력, 지열 등 재생에너지에서 나온 전기로 물을 전기분해 (수전해)하여 생산한 수소 방식을 말한다. 수소 생산과정 중 CO_2가 전혀 배출되지 않는 청정한 방식이나 생산단가가 높고 전력 소모가 많은 단점을 가지고 있다. 그레이 수소는 천연가스(CH_4)를 고온 · 고압 수증기와 반응시키는 개질 수소와 석유화학공정에서 발생하는 부생수소를 말한다. 그레이 수소는 수소 생산과정에서 화석연료 CH_4를 사용함에 따라 CO_2 배출은 그린 수소 생산방식보다 발생할 수 있다. 브라운 수소는 갈탄 · 석탄을 연소시켜 생산하는 개질 수소를 말하며, 수소생산과정에서 CO_2가 가장 많이 발생한다. 블루 수소는 그레이 수소를 만드는 과정에서 발생한 CO_2를 포집 · 저장하여 탄소 배출을 줄인 수소 생산방식이다.

생산방식	정 의	특징
그린 수소	태양광, 풍력, 지열 등 재생에너지에서 나온 전기로 물을 전기분해 (수전해)하여 생산한 수소	- $2H_2O \rightarrow 2H_2+O_2$(수전해) - 생산단가가 높고 전력소모 많음
그레이 수소	천연가스(CH_4)를 고온·고압 수증기와 반응시키는 개질 수소와 석유화학공정에서 발생하는 부생수소	- 천연가스를 고온·고압 수증기와 반응시켜 물에 포함된 수소 추출하는 개질 방식 - $CH_4+2H_2O \rightarrow CO_2+4H_2$
브라운 수소	갈탄·석탄을 연소시켜 생산하는 개질수소	- 수소생산과정에서 CO_2 가장 많은 발생
블루 수소	그레이 수소를 만드는 과정에서 발생한 이산화탄소를 포집·저장하여 탄소배출을 줄인 수소	- 천연가스와 CO_2를 포집 설비를 이용해 생산한 수소

그림 3-23 수소 생산방식

(2) 전기분해

전기분해에 수소 생산방식은 그린 수소방법으로써 CO_2 배출이 없는 청정한 생산 방법이며, 전해질(NaOH, H_2SO_4, KNO_3 등)이 첨가된 물을 전기 분해하여 수소(H_2)을 생산한다.

그림 3-24에서 볼 수 있듯이 anode(+)극과 cathode(-)극에 1.229V 이상의 직류를 인가하면 (-)전극에 수소가, (+)전극에는 산소가 생성되는 원리이다. 전류 전류를 공급하면서 전기분해 장치의 (-)전극과 (+)전극에서 생성되는 화학반응은 식(3.1)~(3.3)과 같다.

$$\text{(-)극} : 4(H_2O)+4e^- \rightarrow 2(H_2)+4(OH^-) \tag{3.1}$$

$$\text{(+)극} : 2(H_2O) \rightarrow O_2+4H^++4e^- \tag{3.2}$$

$$\text{전체 반응} : 2(H_2O) \rightarrow 2H_2+O_2 \tag{3.3}$$

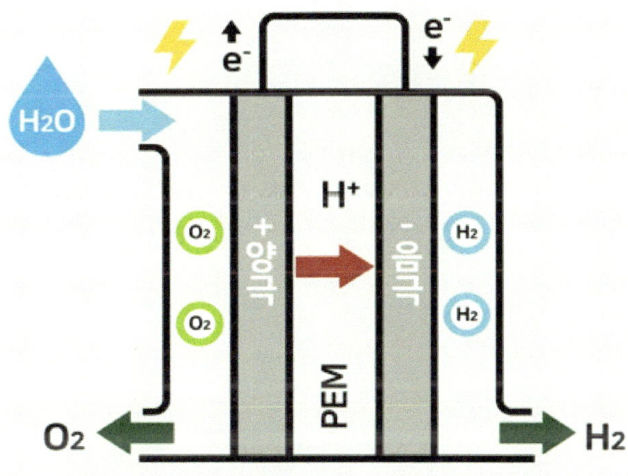

그림 3-24 전기분해의 수소 생산방식[10)]

(3) 메탄올 개질

메탄올 개질(reforming)은 자동차에서 수소생산 공정으로 이용하는 방법이다. 그림 3-25는 저온 PEM과 메탄올 개질기로 구성된 DMFC의 실물사진이다. DMFC 시스템은 연료전지 스택과 개질기로 구성되어 있으며, 공급되는 액체의 메탄올을 개질기(촉매)로 개질하여 수소를 추출하여 스택으로 보내는 원리이다. 그림 3-26는 메탄올 개질기의 작동 구성도이며, 액상의 메탄올(CH_3OH)이 염분이 전혀 없는 물과 혼합하여 증발기에서 수 bar의 압력상태에서 고온으로(약 150~300℃ 범위) 가열하여 기화시킨다. 촉매 연소기가 장착된 개질기(reformer)에서 H_2, CO_2, CO 생성이 된다. CO_2는 세정 공정에서 분리하여 H_2를 추출하여 연료전지(FC)에 공급하는 메커니즘이다. 메탄올을 개질하여 전기를 생산할 경우 효율은 40% 정도이며, 현실적으로 가장 실용성이 크며 개질기의 H_2 변환 효율 향상 및 내구성 확보가 필요하다.

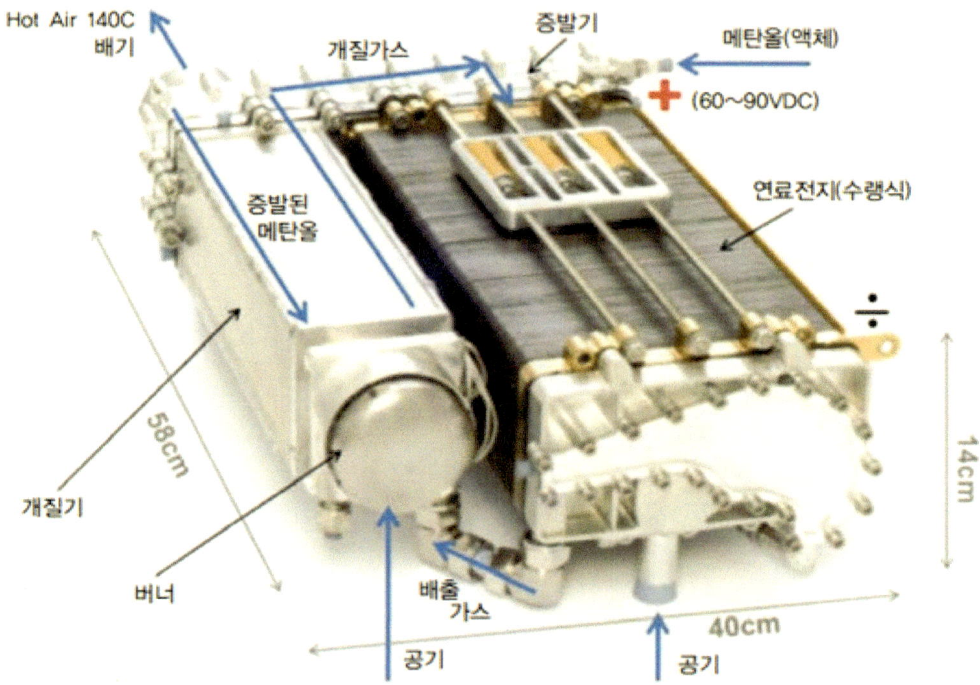

그림 3-25 메탄올 개질기 실물 사진[1)]

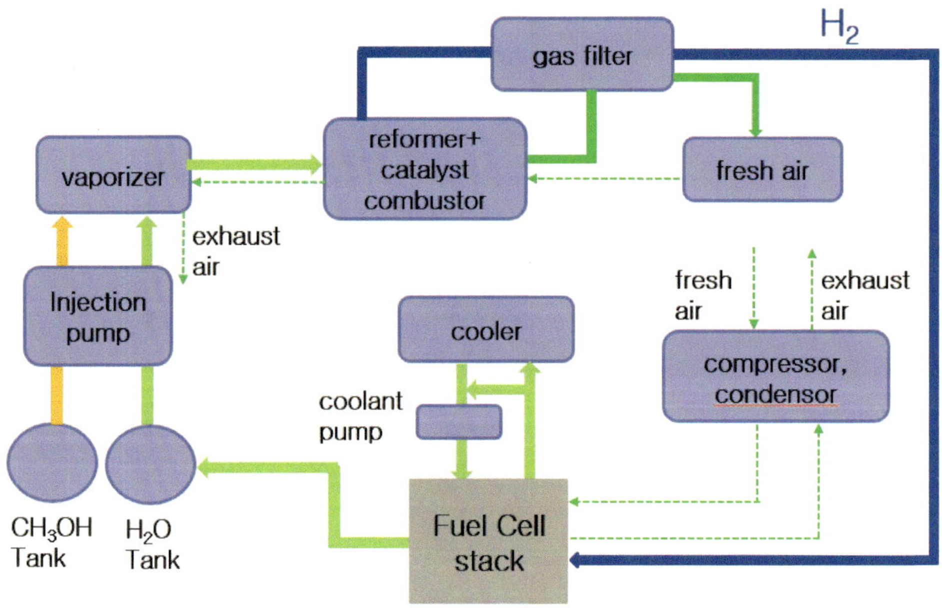

그림 3-26 메탄올 개질기의 작동 구성도

(4) DME 개질

DME 개질(reforming)은 최근 연구개발을 활발하게 이루어지고 있으며, Dimethyl Ether(DME, C_2H_6O, CH_3OCH_3)는 무색의 기체로써, 물·에테르·에탄올에 잘 녹으며 최근에 탄화수소 연료로 각광을 받고 있다. 녹는점은 -141.5℃, 끓는점은 −24.9℃이며, 용질이 용매에 녹는 특성이 용해도(solubility)가 좋다. DME는 디젤을 대체할 저비용, 저탄소 에너지이며 비용이 효율적인 수소 수송체이며 빠르게 팽창하는 수소연료전지(FC) 산업에 녹색 연료를 공급할 수 있다.

그림 3-27은 DME 개질의 반응 메커니즘이다. 지지체 알루미나(Al_2O_3)에 전이금속 구리(Cu)를 담지하여 개질기 촉매를 제조한다. 개질 반응 SR(steam reforming)은 DME+H_2O가 공존 상태에서 개질기가 DME를 가수 분해한다. 다음으로 Methanol(CH_3OH)+H_2O가 공존 상태에서 SR 반응으로 $3H_2$가 생성된다. 마지막으로 DME SR 반응에서 $6H_2$가 생성이 되어 연료전지 스택으로 공급한다. 그러나 개질기(촉매)가 활성이 되지 않거나, 반응속도가 늦어지면 부반응인 CO, CH_4 등 부산물이 발생한다. 부반응이 발생하지 않도록 개질기 촉매의 활성을 개선시켜야 한다.

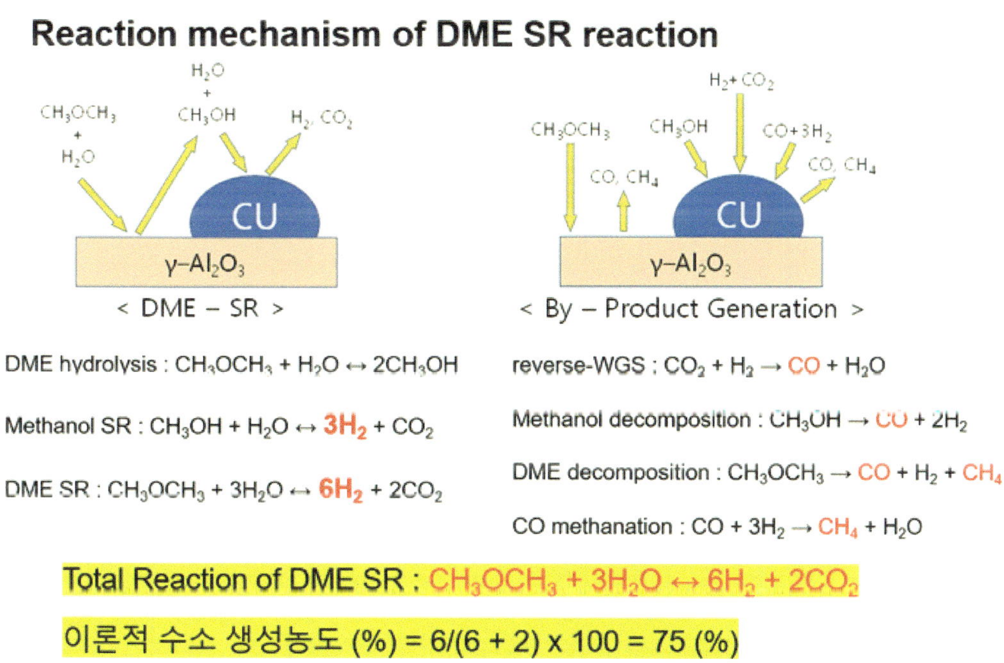

그림 3-27 DME 개질의 반응 메커니즘[11)]

[2] 수소 인프라

수소 인프라(기반시설)는 수소의 생산, 유통 및 충전 시설을 말하며, 인프라 구축에 따라 FCEV와 FC를 이용한 기계의 활용도 증가와 수소 경제를 견인할 수 있다. 수소 사용은 자동차 산업에서는 미미한 수준이지만, 화학 및 에너지 산업에서 수소 사용 범위가 광범위하고 꾸준히 성장하고 있으며, 재료 및 에너지 공급업체는 수소의 새로운 사용 분야를 개발 중이다. 수소는 3가지 상태(저압가스, 고압가스(CH_2: Compressed H_2)와 액화가스(LH_2: Liquefied H_2)로 다양한 분야에 사용되고 있다. 수소의 충전은 수 분 이내에 빠르게 충전이 가능해야 하며, 수소 충전소 인프라 확대를 위해 자동차회사와 국가/지방정부가 협력해야 한다.

그림 3-28은 수소경제활성화 로드맵이며, 수소생산, 수소저장·운송 및 수소 활용분야로 크게 구분할 수 있다. 수소 생산방식은 전절에서 언급했고 수소 저장·운송은 파이프라인, 튜브 트레일러 및 액화탱크로리로 가능하다. 청정에너지원 수소는 향후 CO_2가 배출되지 않는 질이 좋은 에너지원으로 수송용 기계, 가정·건물용, 발전용 및 가스터빈 등 수소 활용이 확대될 것이다.

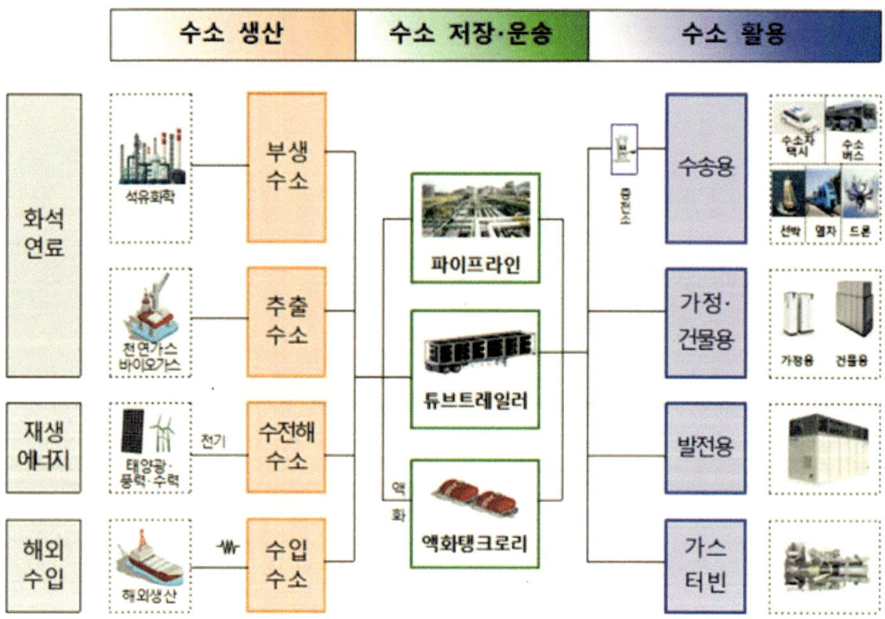

그림 3-28 수소 인프라[12)]

[3] 연료전지의 총효율

연료전지(FC)의 효율은 이용 가능한 전기 에너지의 최대값이라고 할 수 있다.

$$\text{연료전지에서 가능한 maximum efficiency} = \frac{\Delta \overline{g_f}}{\Delta \overline{h_f}} = \frac{\text{깁스의 생성 자유에너지}}{\text{생성 엔탈피}} \quad (3.4)$$

연료전지 기전력과 효율

$$U_{H2cell} = \frac{-\Delta \overline{h_f}}{2F} \quad (3.5)$$

여기서 U_{H2cell} : 연료전지의 기전력(V) $\Delta \overline{h_f}$: 생성 엔탈피(J/mol)

F: 패러데이 상수(968245 C/mol)

식(3.5)으로 셀 전압을 구하면, 저발열량은 1.25V가 나온다. 식(3.6)에 대입한다.

$$\eta cell = \frac{U_{cell \cdot actual}}{1.25} \times 100(\%)\ (\text{저발열량 기준}) \quad (3.6)$$

연료전지(FC)의 효율을 최종적으로 구하면 식(3.7)과 같다[1].

$$\eta cell = \mu_f \times \frac{U_{cell \cdot actual}}{1.25} \times 100(\%)\ (\text{저발열량 기준}) \quad (3.7)$$

여기서, $\mu_f = \frac{cell\text{에서 반응한 연료의 질량}}{cell\text{에서 공급된 연료의 질량}}$ μf: 연료의 이용률(0.95)

그림 3-29는 PEM 연료전지 스택 및 시스템 효율을 나타내고 있다. 전류 밀도 증가에 따른 연료전지 셀 스택과 연료전지 시스템에서 효율은 차츰 감소하는 경향을 나타내고 있다. 전류 밀도가 0.5A/cm^{2}에서는 연료전지 셀 스택의 효율(η)은 약 0.62(62%) 수준이고, 연료전지 시스템은 약 0.59(59%) 수준이다. 동일한 조건에서 연료전지 스택 효율이 연료전지 시스템 보다 조금 높다. 공기압축기나 수소 재순환 송풍기 그리고 열관리 시스템에서 소비하는 에너지를 감안하면 실제 효율은 크게 낮아진다.

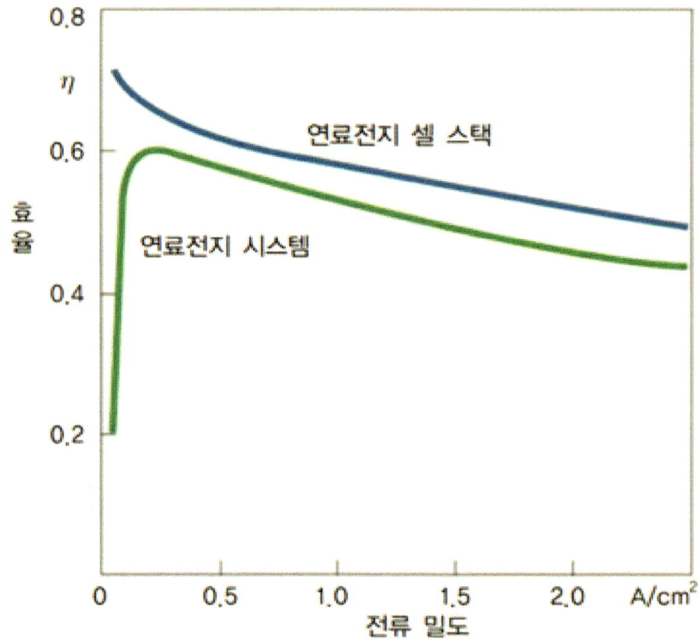

그림 3-29 PEM 연료전지 스택 및 시스템 효율[1)]

수소연료전지전기자동차(FCEV)의 총 효율을 구해보자. 에너지 효율 측면에서 CO_2 배출량이 적고 에너지 효율이 증대해야 하며, 에너지 균형 프로그램은 재생에너지를 사용하고, 최적의 전기분해를 이용한다. 고압수소를 사용하는 연료전지 동력원의 경우, 유럽 주행사이클(NEDC)에서 약 10g/km의 CO_2를 배출한다. 수소의 경로에 따른 유정에서 차륜까지(well-to-wheel) 가는 분석 결과는 수소 발열량 기준 최종 효율은 24.4%(투샨기준)이다. FCEV에서 가장 효율 손실이 큰 시스템은 PEMFC에서 저온열과 주변으로 23.3%가 손실되며, FCEV 전기차에 도달하기 전에 66.2%가 효율이 손실된다. FCEV에서 동력전달계에 41.8%가 손실되면, 실제로 타이어 wheel에 전달되는 효율은 24.4%로써 크지 않다. 각각의 시스템에서의 효율 손실을 최소로 하면서 총 효율을 35% 이상 끌어올리는 연구 개발이 계속되어야 한다.

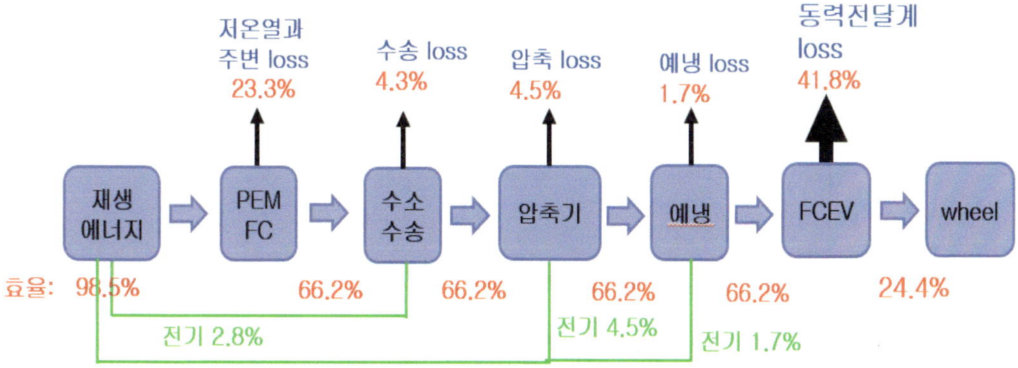

그림 3-30 FCEV의 총효율[1)]

3.5 수소경제전망

[1] 수소경제

(1) 수소경제와 수소에너지 논란

수소경제는 석유나 석탄 등의 화석연료를 대체할 에너지원으로 수소를 개발해 관련 산업을 육성하고자 하는 경제를 말한다. 제러미 리프킨이 2002년 수소경제 저서에서 수소는 지구에서 구하기 쉽고, 고갈되지 않으며, 공해도 배출하지 않는 에너지원으로 설명하고 있다.

문재인 정부는 수소경제 활성화를 위해 2019년 1월 17일 수소차와 연료전지를 축으로 산업생태계를 조성한다는 내용을 골자로 한 '수소경제 활성화 로드맵'을 발표하였다. 수소차와 연료전지 분야에서 2040년까지 세계시장 점유율 1위를 달성하는 것이며, 이를 위해 2018년 2000대 수준이었던 수소차 누적 생산량을 2040년까지 620만 대(내수 290만 대, 수출 330만 대)로 확대한다는 계획이다. 수소차 확대를 위한 충전 인프라인 수소충전소는 2018년 14개에서 2040년 1200개소로 늘릴 계획이다[13)].

또한 수소에너지 논란에 대해서도 다루어보자. 수소는 물을 전기분해해서 얻거나 화석연료에서 추출하며, 자연에서 단독으로 존재하지 않고 수소를 얻기 위해서는 전기 등의 에너지원을 사용해야 한다. 수소를 추출하는 과정에서 에너지 손실이 발생하고 CO_2, 황산화물 등이 배출되므로, 이로 인한 수소가 생산 효율이 떨어지고 대기오염을 악화시킬 수 있다는 지적도 나오고 있다. 수소 폭탄처럼 폭발할지 모른다는 안전성에 대한 논란도 있으며, 수소 폭탄에는 중수소와 삼중수소가 사용되며 이중수소와 삼중수소는 섭씨 1억 도의 온도와 수천 기압의 압력이 작용해 핵융합 반응을 일으킨다. 반면에 수소 에너지는 수소분자(molecule)가 사용되며 대부분의 경우 온도가 낮아 수소 폭탄처럼 폭발할 가능성은 낮다고 알려져 있다. 그러나 수소탱크를 튼튼하게 만들어도 수소를 생산·운반·저장하는 과정에서 산소를 제대로 차단하지 못했거나 밀폐된 곳에서 수소가 대기와 섞여 폭발할 가능성도 있어서 수소에너지의 안전성을 명확하게 입증해야 한다.

[2] 수소경제 전망

지구온난화로 인한 문제점을 극복하고자 "탄소 중립" 정책을 전 세계적으로 확대하면서 CO_2를 배출하지 않거나 소량 배출하는 친환경 자동차의 관심과 더불어 시장에서 점유율은 차츰 상승하고 있다. 전기자동차는 배출되는 유해 가스는 없으나, 전기를 만들어내는 에너지 CO_2 배출이 많은 유연탄을 사용하기 때문에 이러한 문제도 해결해야 할 것이다. 실제적으로 수소의 제조, 유동 및 활용이라는 전 사이클에서 수소가 가지고 있는 메리트는 많고, 활용범위가 넓다.

그림 3-31은 2019년에 산업통상자원부에서 제시한 수소경제 전망을 보여주고 있다. 세계 최고수준의 수소경제 선도국가로 도약하자는 비전을 내걸고 있다. 수소차·연료전지 세계시장 점유율 1위 달성, 화석연료 자원 빈국에서 그린 수소 산유국으로 진입하는 것을 목표로 한다. 비전 달성을 위한 추진 전략은 수소경제 준비기('22)에서 수소경제 확산기('30), 수소경제 선도기('40)로 민관협력으로 글로벌 수소경제 시장을 선도하는 것이다.

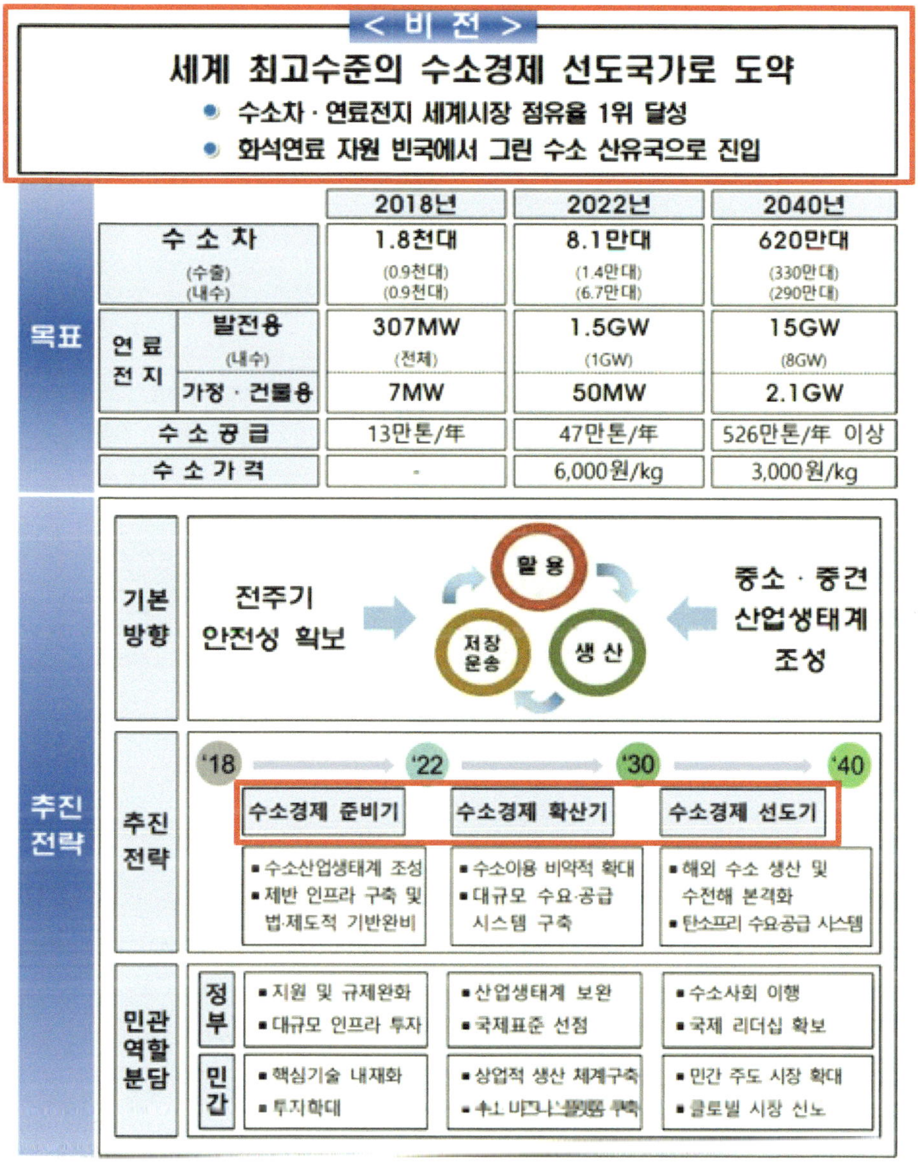

그림 3-31 수소경제 전망[12)]

그림 3-32는 수소경제 활성화 로드맵이다. 생산된 수소는 모빌리티(수소차, 승용차, 버스, 택시, 트럭 등)와 에너지용(연료전지, 발전용, 수소가스터빈)으로 활용한다. 2040년까지 수소차는 620만대를 생산하고, 충전소는 1,200개소의 충전 인프라를 확보할 계획이다. 수소는 2040년에 526만톤/year을 생산 공급하며, 수소 가격은 3,000원/kg원 수준대로 경제성을 추진한다.

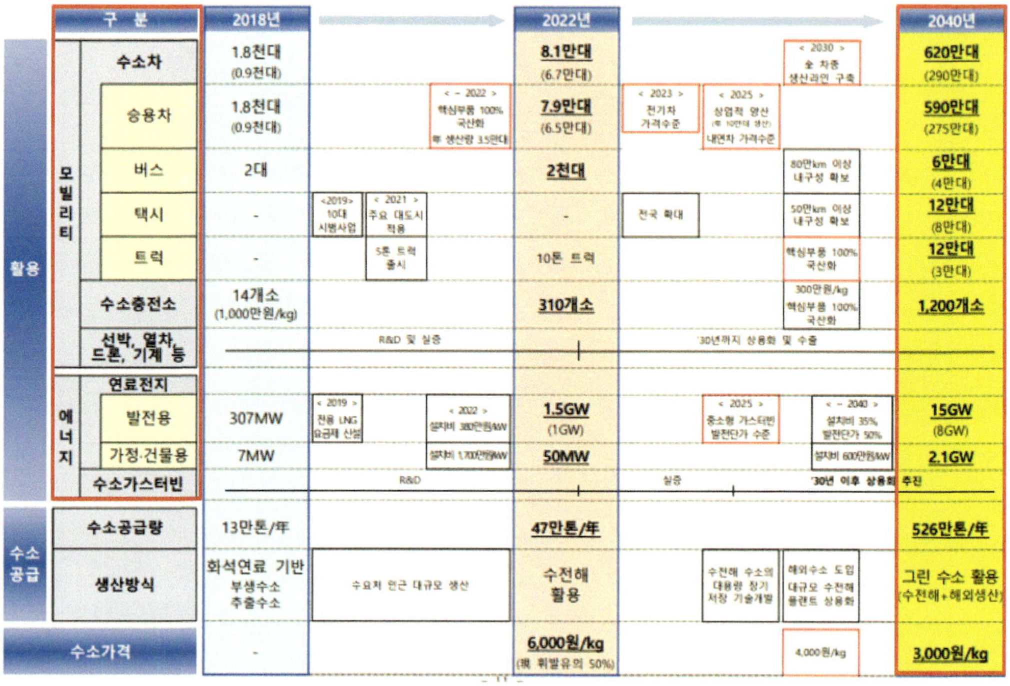

그림 3-32 수소경제 활성화 로드맵[12)]

그림 3-33은 수소경제의 양대 축을 보여주고 있다. 강점이 많은 수소차·연료전지를 양대 축으로 수소경제를 선도하자는 것이다. 부생수소 활용 및 대규모 추출수소 생산을 하는 Grey 수소에서 수전해를 통하여 수소를 대량으로 생산하는 Green 수소로 생산 패러다임을 전환하는 것이다. 고압 기체 외에 고효율 액체·액상·고체 형태의 수소를 다양화하여 안정적이고 경제성이 있는 수소 유통 체계를 확립하는 것이다. 수소 안전에 대한 인식을 제고하고 수소 안전관리체계를 확립하는 것이다(표준화 및 생태계 조성).

그림 3-34는 정부에서 2023년에 제시한 수소 안전관리 로드맵 2.0을 보여주고 있다. 수소 안전은 수소산업 선도국가 도약을 위한 기반을 마련해야 한다. 안전기준개발, 규제개선, 수소안전관리를 위한 64개 과제를 선정하였다. 안전기준개발 28개 중 암모니아(NH_3) 활용, 규제개선 18개 중 검사제도와 안전관리를 추진한다. 안전관리 18개 과제 중 맞춤형 안전관리와 역량을 강화한다. 청정 수소에 대한 안전기준개발, 수소산업 육성을 위한 규제혁신, 수소안전관리를 필요로 한다. 최근에 암모니아의 활용성이 증대됨에 따라 암모니아 기반 수소추출설비 안전기준개발, 운송·저장 설비안전기준 마련, 암모니아 선박충전 안전기준 마련은 중요한 사항이다.

◆ **강점이 있는 수소차 · 연료전지를 양대 축으로 수소경제 선도**

활용

■ **모빌리티, 에너지 등 수소 활용 가속화**

모빌리티	❶ 수소차 양산체계 구축 및 보급 확대 ❷ 수소 택시·버스 등 대중교통 전환 ❸ 공공부문 수소 트럭 활용 ❹ 수소충전소 전국 확대 및 자생력 확보 ❺ 선박, 열차, 드론 등 기타 활용분야 확대
에너지	❶ 발전용 연료전지 보급 확산 및 수출산업화 ❷ 가정·건물용 연료전지 확대 ❸ 수소가스터빈 기술개발 및 상용화

생산

■ **Grey 수소에서 Green 수소로 생산 패러다임 전환**

Grey 수소	부생수소 활용 및 대규모 추출수소 생산
Green 수소	❶ 수전해 대량 생산 및 경제성 확보 ❷ 해외 CO_2 free 수소 본격 도입

저장·운송

■ **안정적이고 경제성있는 수소 유통 체계 확립**

저장	고압기체 외에 고효율 액체·액상·고체 저장으로 다양화
운송	파이프라인 전국망 구축, 수소운반선 등 대규모 유통 추진

안전

■ **수소안전에 대한 국민 인식 제고 및 수소 전주기 안전관리 체계 확립**

산업생태계

기술혁신	범부처 기술로드맵 수립	**전문인력**	안전 및 핵심기술인력 양성
표준화	글로벌 수소 표준 선점	**기반조성**	수소경제 이행 기반 구축
법적기반	수소경제법·안전법 완비	**국제협력**	선도국가로 적극 참여·주도
수출산업	대·중소기업 동반진출	**생태계**	촘촘한 밸류체인 구축

그림 3-33 수소경제의 양대 축[12)]

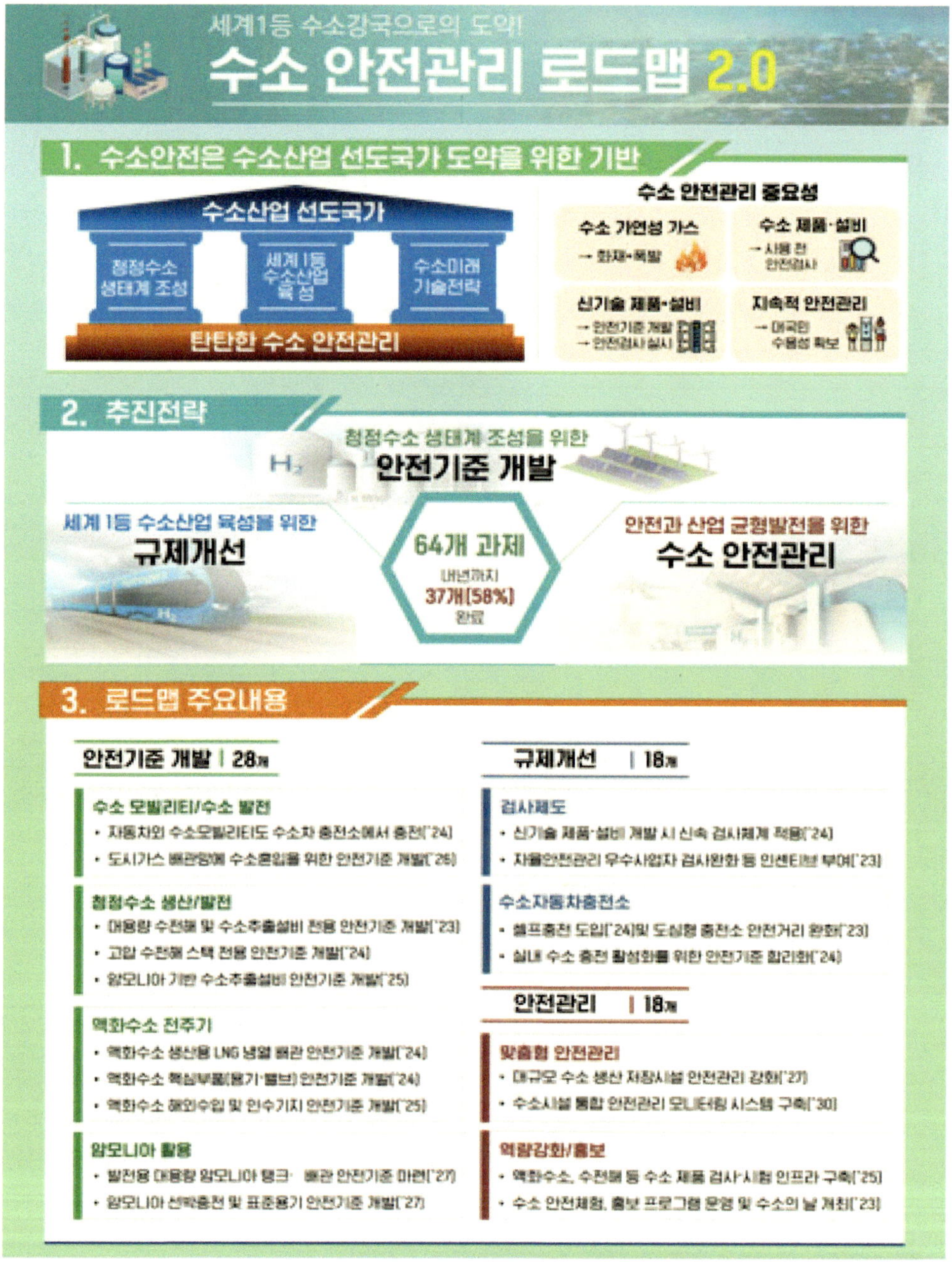

그림 3–34 수소 안전관리 로드맵 2.0[13]

□ 학습정리 □

☞ FCEV는 연료(수소나 메탄올 등)와 산화제(산소)를 계속 공급하여, 연료의 화학적 에너지를 전기 에너지로 변환하는 '전기화학 에너지 변환기' 이다.

☞ PEM은 수소 연료전지의 핵심 요소이며 수소 양성자 또는 수소 이온(H^+)을 흡수 하고, 전자(e^-)를 표면에 달라붙게 하는 전해질의 얇은 막(foil)이며, 큰 전류를 확보하기 위해서는 MEA(박막-전극어셈블리)의 전극의 표면적이 넓어야 한다.

☞ FCEV는 FC에 수소와 대기 중의 공기(산소)를 주입하여 전기에너지를 직접 생산하여, 전동기(모터)에 전력전자(power electronics)를 공급하여 변속기/감속기를 거쳐 차량을 구동한다.

☞ FCEV는 전기발생기(연료전지 스택), 수소공급, 공기공급, 열관리장치(물관리/냉각/가열/가습 등) 그리고 제어장치로 구성된다.

☞ 중수소가 많이 포함된 물을 중수라고 하며, 중성자 감속재나 원자로 용매로 사용되며 인체에 유해하므로 주의가 필요하며, FCEV용으로 수소 분자(H_2)가 사용되어 안전하다.

☞ 압축기를 사용하여 수소를 압축기체 형태로 저장(압축 H_2:CH_2), 냉각(-253℃)과 압축(약 4bar)을 통해 액상으로 저장하는 방법 및 대체저장장치(개질 방법)로 분류된다.

☞ 수소(H_2)는 생산방식에 따라 그린(green), 그레이(gray), 브라운(brown), 블루 (blue) 수소로 구분되며, 자동차에서는 메탄올 개질 등을 이용하는 그레이 생산 방식이 사용된다.

☞ 수소 인프라(기반시설)는 수소의 생산, 유통 및 충전시설을 말하며, 인프라 구축에 따라 FCEV와 FC를 이용한 기계의 활용도가 증가할 수 있으며, 연료전지와 FCEV의 총 효율 향상이 필요하다

☞ 수소차와 연료전지 분야에서 2040년까지 세계시장 점유율 1위를 달성하며, Grey에서 Green 수소로 생산 패러다임 전환하며, 안정적이고 경제성이 있는 수소 유통 체계확립 및 수소안전 관리체계를 확립해야 한다.

☞ 태양광자동차는 태양광패널(DC발생), 전력추적기, 배터리, 모터 컨트롤러 및 전기 모터로 구성되어 동력 전달하며, 최근에는 페로브스카이트 구조를 한 신 태양전지가 개발되어 발전 효율과 경제성을 확보하였다.

복습문제

3.1 연료전지(FC)에 대해 설명하시오

(1) 연료전지(FC)의 작동 메커니즘을 화학 반응식으로 나타내기

(2) 수전해의 작동 메커니즘을 설명

3.2 연료전지(FC) 종류 중 주요 특성을 설명하시오

(1) PEMFC의 주요 특성 및 작동 메커니즘을 설명

(2) DEMFC의 주요 특성을 이해

3.3 FCEV 시스템의 작동 메커니즘을 설명하시오

(1) FCEV 시스템의 작동 메커니즘을 구성도로 쉽게 설명

(2) 수소 공급 장치에 들어가는 주요 부품을 이해

(3) 공기 공급 장치의 주요 부품을 이해

(4) 열관리 장치의 주요 부품을 열거하고 설명

(5) 고전압 분배시스템의 부품에 대해 설명

4.4 시스템수소의 물리화학적인 특성을 설명하시오

(1) 수소 원소 종류를 들고 주요 특성을 설명

(2) 수소의 안정성을 이해하고 활용

(3) 수소저장장치 액체수소 저장탱크가 갖추어야 할 조건을 설명

4.5 연료전지의 효율을 구하시오

(1) 연료전지의 효율 구하기

(2) FCEV에서 시스템에 따른 총 효율 구하기

4.6 수소경제의 갈 방향을 설명하시오

(1) 모빌리티와 에너지용으로 구분하여 설명

(2) 암모니아(NH_3)의 활용분야에 대해 조사

chapter 3 참고문헌

[1] https://terms.naver.com/entry.naver?docId=6514338&cid=42331&categoryId=69222

[2] www.ieee.ca

[3] https://namu.wiki/w/현대%20넥쏘

[4] https://www.hyundai.co.kr/story/CONT0000000000094740

[5] https://cafe.naver.com/jwkang7to

[6] 강주원 홈페이지, https://cafe.naver.com/jwkang7

[7] 강주원 홈페이지, https://commons.wikimedia.org/wiki/File:Castle_Bravo_Blast.jpg

[8] https://cafcp.org/

[9] https://www.gasnews.com/news/articleView.html?idxno=110253

[10] SK E&S 미디어룸, 〔에너지백과〕 수전해, https://media.skens.com/4952

[11] Daesuk kim et al 3명, Reaction characteristics of dimethylethe steam reforming catalysts for hydrogen production, lnternational Journal of Hydrogen Energy, 42(9), 2017

[12] 산업통상자원부 보도자료, 수소경제 활성화 로드맵, 2019.1.17

[13] 산업통상자원부 보도자료, 수소안전관리 로드맵 2.0, 2023.5.9.

CHAPTER 04

하이브리드 자동차 공학

학습목표

- 하이브리드 전기자동차의 종류와 특성을 이해할 수 있다.
- 하이브리드 전기자동차의 작동 메커니즘을 이해하고 설명할 수 있다.

4.1 하이브리드 자동차의 개요

[1] 하이브리드 전기자동차의 개요

(1) 하이브리드 자동차의 개요

하이브리드(Hybrid)는 어원으로는 잡종, 혼성체, 혼합물을 의미한다. 내연기관(ICE)과 전기자동차의 전기구동 모터를 조합해서 운행하는 자동차를 하이브리드 전기자동차(HEV, Hybrid Electric Vehicle)라고 한다. 전기자동차의 장점과 내연기관이 가지고 있는 장점을 혼합한 것이다. HEV 또한 친환경 자동차에 포함되며 현재 전기자동차(EV) 및 수소연료전지 전기자동차(FCEV) 보다 연료 주유 시간이 짧기 때문에 사용성 편리하여 시장 점유율이 다른 친환경 자동차 보다 높은 장점을 가지고 있다. 하이브리드 전기자동차 조합에 포함되는 내연기관은 가솔린 엔진이 주로 사용되며, 전기자동차 시스템에 포함되는 배터리는 순수 전기자동차 보다는 용량이 작다. 내연기관의 장점을 최대로 이용하고 부족분을 전기자 시스템이 지원하는 형태이다.

저속 주행에서는 전기차 모드로 운행하며, 고속 주행에서는 내연기관인 가솔린 엔진 모드로 운행이 된다. 가솔린 엔진은 높은 RPM에서 최대 토크가 나오기 때문에 낮은 RPM에서 토크가 나오는 디젤 엔진보다 하이브리드 전기자동차에 적합하다.

그림 4-1 시판중인 하이브리드 전기차[1)]

그림 4-1은 시판중인 하이브리드 전기차이다. 전기차 중심이던 친환경 자동차로의 파워트레인 변화가 균형을 찾아가고 있다. 전기자동차는 화재, 인프라 구축 및 편리성 측면을 고려했을 때 증가 추세가 멈춤하면서 속도를 조절하고 있고 그 대신 자리를 하이브리드 전기자동차의 판매율이 증가하고 있다. 하이브리드는 내연기관과 전기차 구조를 함께 탑재한 차량이다. 두가지의 파워 동력을 주행 여건에 따라 컴퓨터가 자동 전환하여 연비를 향상시키고 유해한 배출가스를 감소시킨다. 전기자동차처럼 최소 40분 이상의 충전 시간을 갖지 않아도 좋고 연료비 부담도 작아서 메리트 많다. 소비자 수요가 하이브리드로 쏠리자 국내 완성차 업계 전략도 이에 연계하여 전략을 바꾸고 있다. 국내 유수 기업인 현대차그룹은 전 차종에 하이브리드 전기차를 확대하고 있고, 도요타와 혼다도 플러그인하이브리드(PHEV)를 주력 모델로 내세우기 시작했다. 유럽은 규제 일정을 조율하고 있고 중국은 PHEV에까지 혜택을 확대하며 자동차 판매 전략을 세워서 하이브리드 전기차의 판매를 촉진시키고 있다.

소비자의 수요와 국가의 정책 및 하이브리드 전기차의 제조 기술로 인하여 기간 산업인 자동차 산업은 또 한 번의 큰 변화의 시점에 들어섰다. 또한 소비자들의 시장 수요에 입각하여 전기차에서 하이브리드 전기차로의 구조적 전환을 통하여 더욱 더 시장 점유율은 증가할 거라 예측한다[1)]

(2) 하이브리드 자동차의 역사

페르디난트 포르셰가 1899년에 내놓은 최초의 하이브리드 자동차가 믹스테(Mixte)로 프랑스어로 '혼합된'이란 뜻이다. 그림 4-3은 최초의 믹스테 하이브리드 자동차이며, 4개의 바퀴마다 독립된 인휠 전기 모터가 독립적으로 구동되었다. 내연기관은 오직 전기만 충전하는 용도였다. 믹스테는 최고 시속 60km에 달했고 랠리에 참여해 기록을 세우기도 했으며 당대는 여러 구동 기관이 난립하던 때여서 순수 전기 기관에서 증기 기관까지 온갖 자동차가 다 있었다. 그러나 초기에 개발된 하이브리드 자동차는 배터리 용량이 작고 기술적인 완성도가 떨어져서 주행거리 짧고 속도가 너무 느려서 효용성이 떨어지는 문제점을 가지고 있었다.

그림 4-2 페르디난트 포르셰[2)]

그림 4-3 하이브리드 자동차가 믹스테[3]

그림 4-3은 현대적인 하이브리드 자동차로써 1997년에 개발되어 출시된 토요타 프리우스이다. 아직 배터리 제조 능력이 떨어진 시기이므로 배터리의 낮은 에너지 밀도가 해결되지 않았을 때였다. 석유파동으로 인하여 기존의 주유소를 이용할 수 있으면서도 높은 연비를 요구하며 친환경적인 차량을 요구하던 시장에 토요타 하이브리드 자동차는 적합하였다.

그림 4-4 프리우스 포로토타입 하이브리드 자동차[4]

우리 나라에서도 하이브리드 자동차가 2006년 3월 정식 출시되었는데, 렉서스의 RX 400h이다. 그 당시에는 내연기관의 인기가 너무 높은 편이라 하이브리드 자동차에 대한 인지도는 좋지 않았다. 1년간에 평균 53대를 판대가 될 만큼 소비자들의 관심이 높지 않았고 판매는 저조하였다. 국산차 중에서 2009년 아반떼와 포르테 하이브리드가 자동차가 대중에 판매된 최초의 하이브리드 차량이다. 사실 그 이전에도 베르나, 클릭, 프라이드에 하이브리드 모델이 있었으나, 관공서, 학교 등에만 제한적으로 판매됐다[7]. 현재 현대기아자동차에서 생산하는 승용차 중 제네시스(G90 제외), K9, 모하비 등 후륜구동 기반 차량을 제외하고는 대부분 하이브리드를 선택할 수 있도록 하고 있다. 하이브리드 자동차는 2025년에는 '저공해자동차 및 무공해자동차 보급목표'에 포함되어 있다.

유럽에서는 2035년부터 탄소 배출이 없는 차량만 판매 가능하다는 법안이 통과되어 하이브리드 자동차까지 같이 퇴출 될 예정이나, 이탈리아/독일을 중심으로 반발하자 e퓨얼을 허용하는 방안으로 한 발 물러났다.

표 4-1은 2025년도 1분기 미국 내 HEV 시장 판매량 추이를 나타내고 있다. 일본기업 도요타가 26만 6000대를 판매하며, 약 41.3%가 증가하였다. 국내 현대자동차도 3만 4000대를 판매하였고 69.4%가 증가하였다. 하이브리드 자동차 판매량이 글로벌적으로 향상되는 경향을 나타내고 있다. 표 4-2는 현대차그룹의 미국에서 HEV 판매 차종을 나타내고 있다. 하이브리드 자동차의 인기로 인하여 세단이나 SUV 차량들이 판매되고 있고 다양한 소비자의 구매 요구를 만족시키기 위하여 라인업 구축에 열을 올리고 있다.

표 4-1 2025년도 1분기 미국 HEV 시장 판매량[5)] 단위: 대

업체	판매량	판매량 증감률
도요타	26만 6000	41.3
혼다	9만 5000	54.5
포드	4만 7000	30.5
현대	3만 4000	69.4
기아	2만 2000	60.8

표 4-2 현대차그룹 미국 판매 HEV 차종[5)]

브랜드	차종
현대차	싼타페, 투싼, 펠리세이드(예정), 아반떼, 쏘나타
기아	스포티지, 니로, 쏘랜토, 카니발
제네시스	GV70(예정), G80(예정), GV80(예정)

그림 4-5 전륜구동 차량 기준 현대차그룹 차세대 하이브리드 시스템의 개념도[6)]

그림 4-5는 전균 구동 차량 기준 현대차그룹 차세대 하이브리드 자동차의 시스템 개념도이다. 원래 하이브리드 자동차의 변속기는 엔진과 전기 모터의 동력을 합쳐 바퀴에 전달하는 역할을 한다. 지금까지 현대차그룹은 모터 1개를 변속기에 탑재해 엔진을 보조해왔지만, 최근에는 모터를 2개로 확대했다. "하이브리드 자동차는 엔진과 모터의 힘을 함께 사용하는데, 모터가 2개로 추가되면서 엔진 효율이 향상되었다.

[2] 하이브리드 자동차의 종류

(1) 하이브리드 자동차의 종류

표 4-3은 자동차 종류에 따른 전동화 비율을 개략적으로 나타내었다. 내연기관 자동차는 전기로 동력을 전하는 전동화 비중이 가장 낮고 마일드 하이브리드, 풀 하이브리드 자동차가 전동화 비중이 내연기관 자동차 보다는 조금 증가한다. 플러그인 하이브리드 자동차는

전동화 비중이 확대되고 있으며, 최근에는 배터리 연장 전기자동차의 개발과 상용화가 증대되는 상황이다. 자동차에서 소형의 내연기관을 이용해 자체 발전을 통해 EREV의 배터리 에너지 저장에 기여하고 있다.

표 4-3 파워트레인 전동화 비율에 따른 자동차의 종류[7)]

전동화 비중	자동차 종류
높다	순수 전기자동차(EV)
	배터리 연장 전기자동차(EREV)
↕	플러그인 하이브리드 자동차(PHEV)
	풀 하이브리드 자동차
	마일드 하이브리드 자동차
낮다	순수 내연기관(ICE) 자동차

하이브리드 자동차를 구분 할 때는 크게는 마일드 하이브리드(mild hybrid) 자동차와 스트롱 하이브리드(strong hybrid, full hybrid) 자동차로 구분한다. 마일드 하이브리드 자동차는 모터가 시동 모터 또는 발전기 역할을 동시에 담당하며, 마일드 한 힘을 엔진에 보조 지원하는 역할에 그친다. 풀 하이브리드 자동차는 내연기관 전원이 꺼진 상태에서 구동 모터의 파워로만 일정 속도까지 가속하고 주행이 가능하다. 구동 모터로만 주행하고 있을 땐 내연기관에 소음과 진동이 발생하지 않은 장점도 있다[7)].

스트롱(풀) 하이브리드 자동차는 가솔린 기관과 결합(combination)되며 디젤 기관과의 결합 측면에서는 효율이 좋지 않다. 디젤 기관은 체적이 크므로 하이브리드 자동차에 기관이 장착되는 존(zone)에 디젤 기관과 전기 모터 등의 전기동력 시스템이 함께 들어가야 할 공간이 좁아지기 때문에 하이브리드 자동차의 시스템과는 조화가 어려운 상황이다. 또한, 기관과 구동 모터가 저속 영역에서 최대 토크를 발휘하는 중복되는 특성과 디젤기관의 파워가 저하되는 고속 영역에서는 구동 모터도 파워가 같이 저하되는 점 등을 고려하면 차량의 동력 효율을 높이기 위한 목적으로는 서로 부합하지 않는다. 또한 냉간 시동(cold start)이 많은 하이브리드 자동차의 특성상 예열(preheating)이 필수인 디젤 기관에는 부합하지 않다

스트롱(풀) 하이브리드 자동차의 시스템은 그림 4-6에서 볼 수 있듯이 모터의 배치, 구동 방식, 설계에 따라 병렬형, 직렬형 및 직·병렬형 하이브리드로 구분이 가능하다. 3가지 방식은 동력 전달 방법에서 구분이 되며 장점과 단점을 가지고 있다.

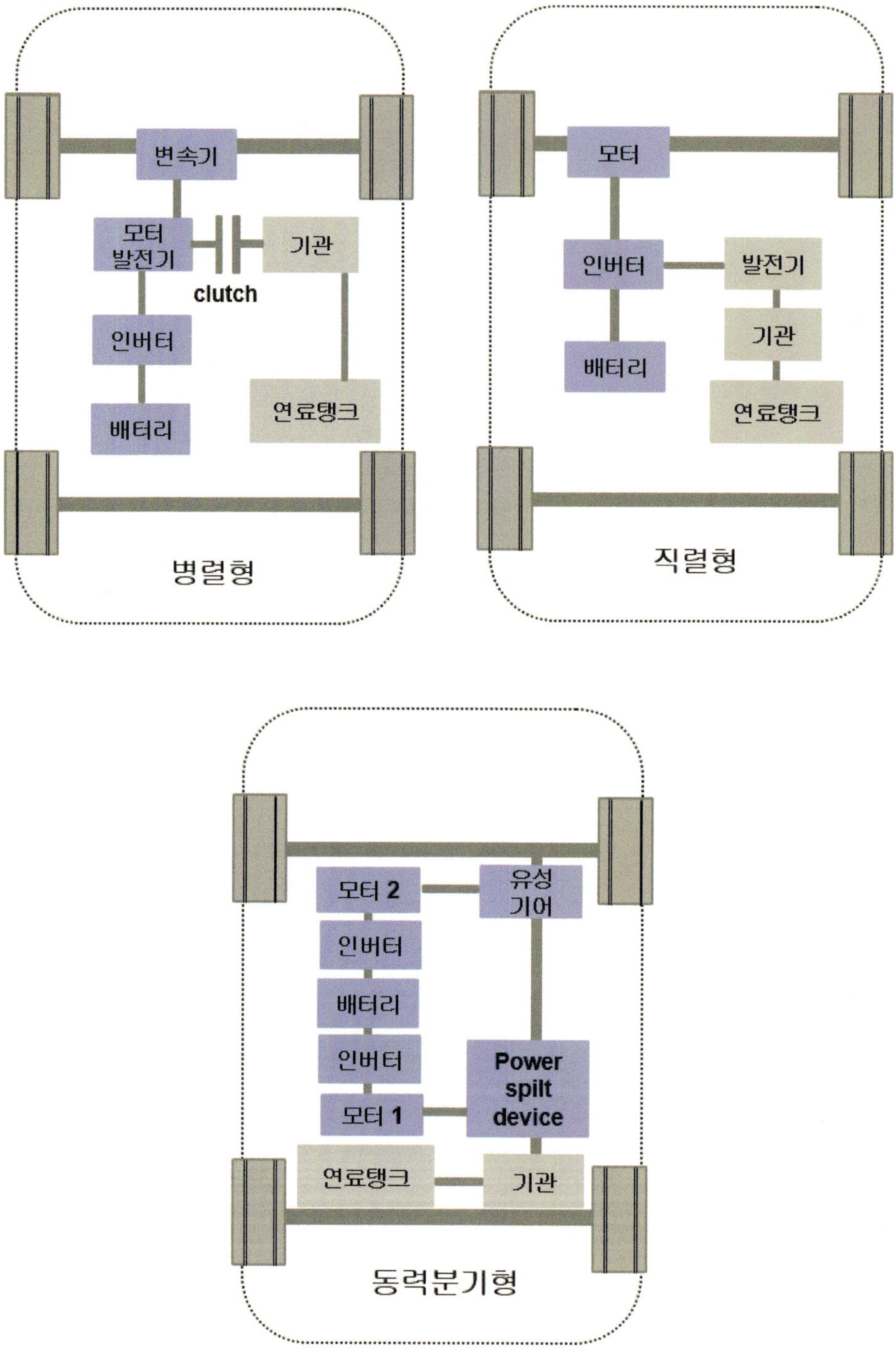

그림 4-6 전륜구동 차량 기준 현대차그룹 차세대 하이브리드 시스템의 개념도[8]

(2) 병렬형 하이브리드(parallel hybrid) 자동차

병렬형 하이브리드 자동차는 내연기관 주행과 구동 모터 주행을 동시에 활용하고 있다. 그림 4-7은 병렬형 하이브리드의 TMED와 FMED의 작동 메커니즘을 나타내고 있다. 병렬형 하이브리드 자동차는 구동 모터의 위치에 따라 TMED(Transmission Mounted Electric Device)와 FMED(Flywheel Mounted Electric Device)로 구분한다. TMED는 기관과 분리되어 구동 모터만으로 EV 모드 주행이 가능하여 하드형 하이브리드 자동차라고도 하며, FMED는 기관과 상시 맞물려 있기에 구동 모터만으로 주행할 수 없어 소프트형 하이브리드 자동차라고 한다.

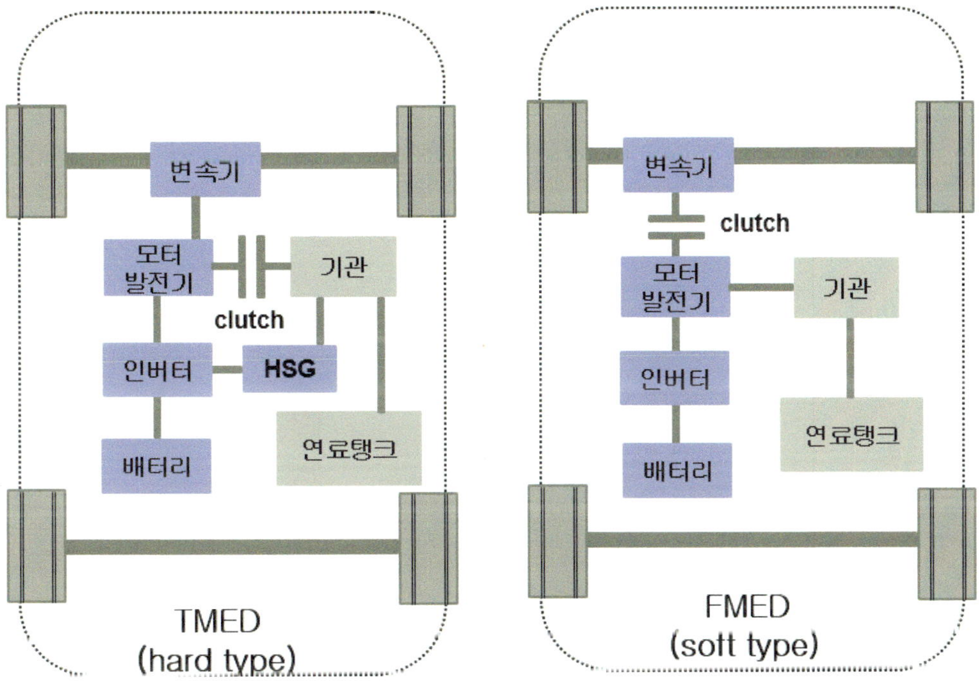

그림 4-7 병렬형 하이브리드의 TEMD와 FMED의 차이[8]

그림 4-8은 병렬형 하이브리드 자동차의 구동 모드를 나타내고 있다. FMED 방식의 하이브리드 자동차는 출발, 저속 주행, 가속 및 등판 시에서는 구동 모터와 기관이 동시에 구동하게 된다. 부하가 적은 평지 주행에서는 기관으로만 주행한다. 브레이크 페달을 밟거나 페달을 아무것도 밟지 않을 때는 회생제동(regenerative mode) 모드로 충전을 한다. 혼다의 Insight가 차량이 FMED의 방식의 대표적인 하이브리드 자동차이다.

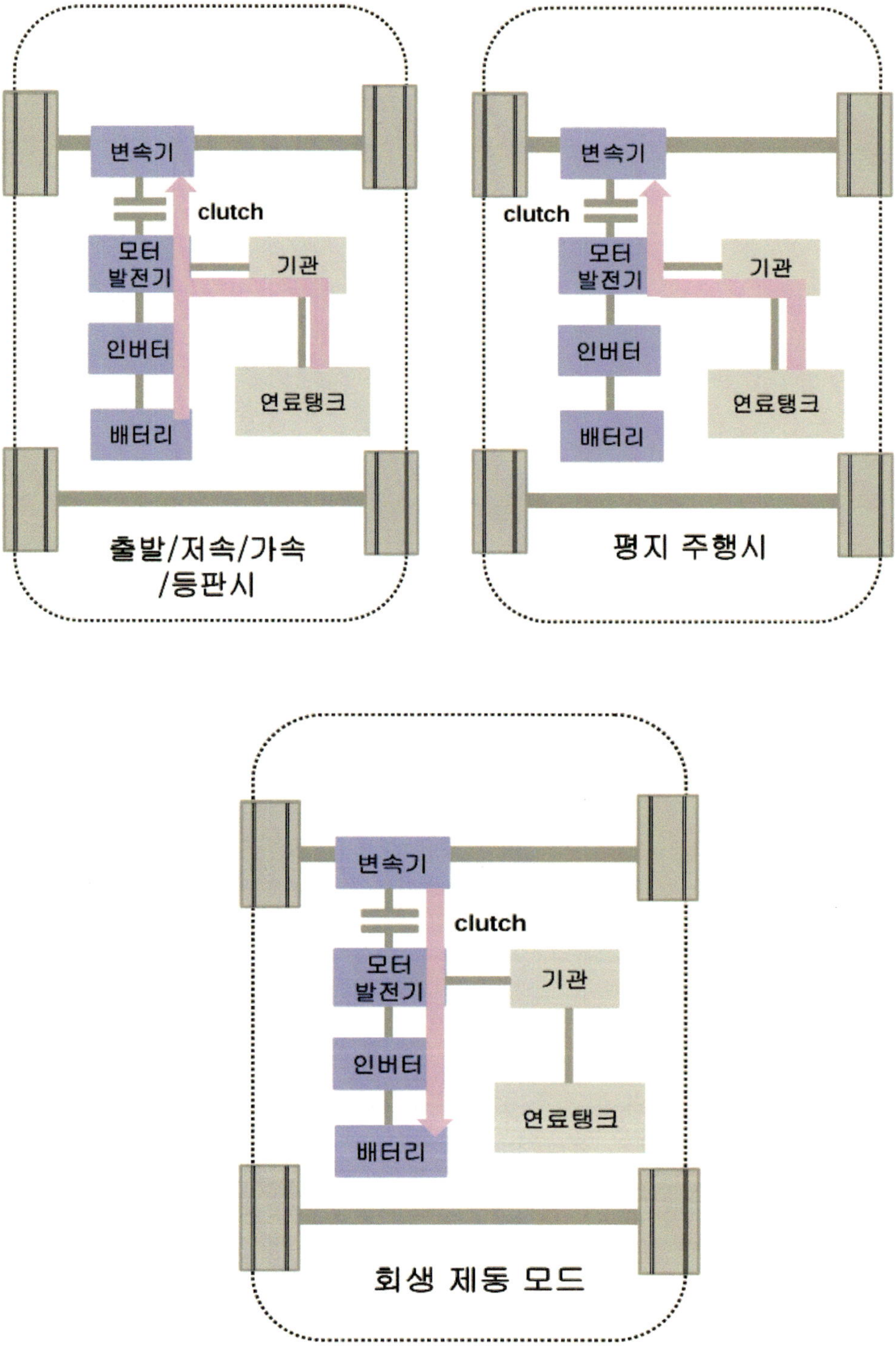

그림 4-8 병렬형 하이브리드의 구동 모드[8)]

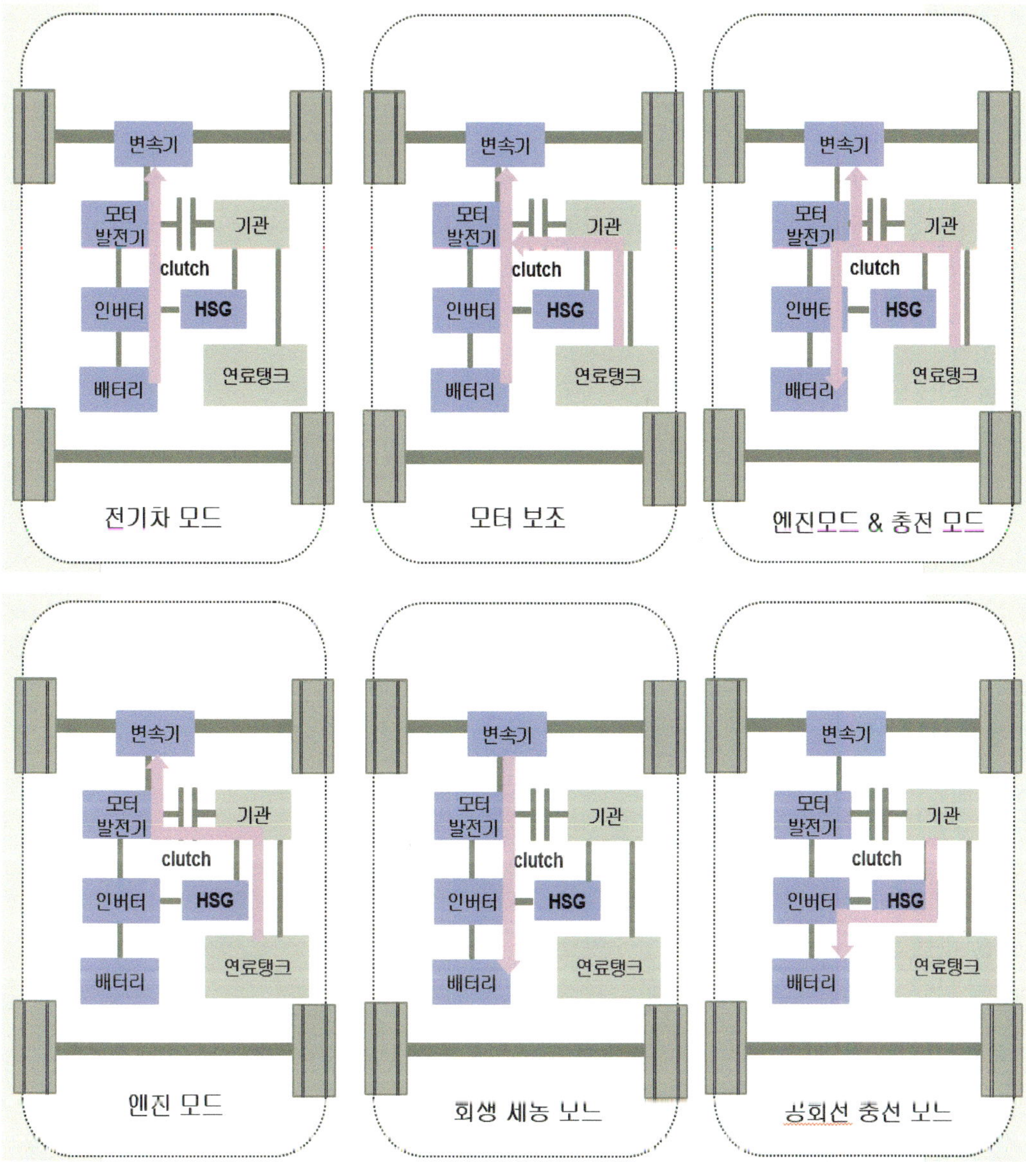

그림 4-9 병렬형 하이브리드의 TMED의 구동 모드[8)]

그림 4-9는 병렬형 하이브리드의 TMED의 구동 모드를 나타내고 있다. TMED 구동 방식의 하이브리드 자동차는 출발이나 저속 주행에서 즉 부하가 작은 경부하 조건에서는 구동 모터로만 주행하는 EV 모드가 작동한다. 또한 고속 주행과 가속이나 등판 주행 시에 즉 중부하 조건에서는 구동 모터가 기관을 보조(assist) 하여 구동 모터와 기관이 동시에 구동하는 원리이다. 기관의 효율이 좋은 구간에서는 기관으로 주행하고, 주행 시 배터리

충전량이 부족할 경우에는 기관을 통해 배터리를 충전하면서 달릴 수 있는 엔진 모드 & 충전모드로 전환한다. 그리고 브레이크 페달을 밟거나 페달을 아무것도 밟지 않을 때는 회생 제동 모드로 전환되어 배터리에 전기를 충전하면서 전기 효율을 높인다. 또한, 공회전 상태(idling mode)에서 고전압 배터리를 충전할 때는 HSG(Hybrid Starter Generator)를 통해서 충전하는 메커니즘을 가지고 있다. 현대자동차에서 생산하는 소나타와 아이오닉의 하이브리드 자동차가 대표적인 TMED 방식이다.

(3) 직렬형 하이브리드(series hybrid) 자동차

직렬형 하이브리드 자동차의 구성은 기관과 인버터(inverter), 구동 모터가 직렬(series)로 연결된 시스템으로 기관은 발전기(generator) 역할만 하며, 전기자동차에 배터리 용량을 감소시키는 대신 발전용 기관을 삽입한 구조라고 할 수 있다. 전기자동차의 장점과 기관의 최대토크의 장점을 겸비한 작동 메커니즘을 가지고 있다. 기관은 발전기 역할만 하므로 엔진의 RPM이 항상 최고 효율 구간으로 유지되므로 효율이 좋다. 장거리 주행거리를 위해서 용량이 큰 배터리를 장착할 필요도 없으며, 배터리로 주행하다가 언제든지 발전기를 작동해서 충전하면서 주행 할 수 있어서 주행 거리 확보와 및 충전에 대한 스트레스가 전기자동차 보다 적어서 장점이 많다. 가격이 저렴하고 실용성이 많아서 최근에 하이브리드 자동차가 인기가 많고 시장 수요도 증가하고 있다.

그림 4-10은 직렬형 하이브리드의 작동 모드를 나타내고 있다. 다용되지 않지만 작동 메커니즘이 간단한 장점이 있어서 하이브리드 자동차가 상용화 될 초기에 다용되었다. 구동 모드 중 주행 모드에서는 기관은 타이어를 구동시키는 동력원이 아닌 발전을 하여 발생된 전지를 충전하는 역할만 담당한다. 그리고 충전된 전기로 구동 모터만을 이용하여 구동하는 방식이다. 회생 제동 모드에서는 감속 및 제동 시 모터가 발전기를 역할을 담당하여 인버터를 통하여 배터리에 충전하므로 발전 효율을 향상시킨다.

직렬형 하이브리드 타입은 모터보드에 적용되며, 최근에는 BMW i3 Rex 자동차가 직렬형 하이브리드를 채택하고 있다. 순수 전기차인 i3에 소형 엔진이 추가된 레인지 익스텐더(Range Extender) 모델이며, 647cc 2기통 가솔린 엔진이 발전기 역할을 하여, 배터리가 부족할 때 주행 거리를 연장시켜 전기차의 단점인 주행거리 부족 문제를 보완하는 특징을 가지고 있다. 최대 출력은 전기 모터에서 최고 출력 170마력, 최대 토크 25.5kg.m를 발휘한다. 가벼운 차체 덕분에 시원한 가속 성능을 보여주며, 단단한 서스펜션과 얇은 타이어로 인해 푹신한 승차감보다는 탄탄하고 민첩한 주행감을 제공한다.

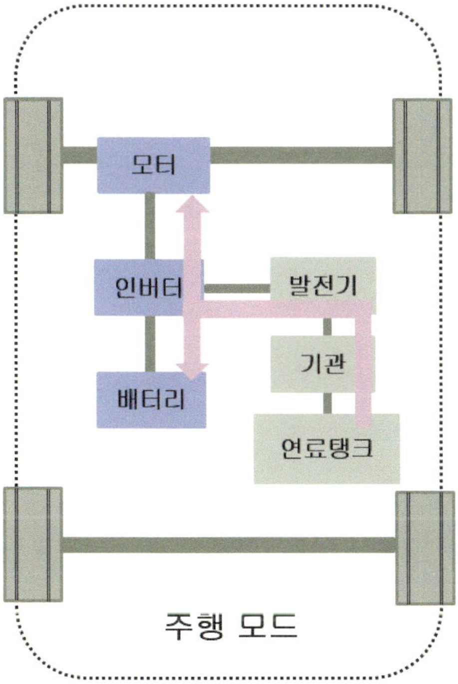

그림 4-10 직렬형 하이브리드의 구동 모드[8)]

그림 4-11 직렬형 하이브리드를 채택한 BME i3 세단 구동 모드[9)]

직렬형 하이브리드 자동차는 초기에 배터리가 작고 기관이 효율적인 구간에서 작동하진 않아서 연료 소모가 많았지만 점진적으로 보완하고 개선되고 있다. 최근에는 배터리 제조 기술력이 향상되어 에너지 밀도 증가로 배터리 성능이 개선됨에 따라, 하이브리드 자동차에 배터리 용량이 큰 제품을 장착하여 연비 개선 효과가 두드러지고 있다. 그러나 고속 영역에서의 연비 효율이 좋지 않은 문제는 가지고 있지만 고속 운전 영역에서 기관이 타이어 구동에 직결 되게 하고 하는 동력전달 방법(기관 → 5단 비율 종감속기어 → 타이어)을 채택하면 연비 효율 개선 문제도 극복 가능하리라 본다[7].

(4) 동력 분기형(Power-Split) 하이브리드 자동차

동력 분기형 하이브리드 자동차는 직렬형과 병렬형을 혼합한 구조이며, 융합된 시스템으로써 Power Split Type 이라고도 한다. 병렬 하이브리드 자동차처럼 기관이 직접 자동차의 구동에 관여할 수 있고, 직렬 하이브리드처럼 모터의 힘만으로도 움직일 수 있고, 전기차 수준의 급가속도 가능하다. 병렬 하이브리드와 달리 2개의 모터가 필수로 들어가며 예전에는 시스템에 따라 구동용, 발전용 모터가 각각 들어갔었지만, 현재는 구동과 발전을 모두 할 수 있도록 만들어졌다. 그리고 무엇보다도 기관이 구동에 참여하지 않아도 발전을 할 수 있다.

그림 4-12는 동기 분기형 하이브리드의 구동 모드를 나타내고 있다. 동력 분기형(power-split) 하이브리드 방식은 모터를 2개를 사용하고 있다. 동력 분기를 위해 유성 기어를 사용하며, 모터 1은 주로 발전용으로 사용한다. 모터 2는 차량을 구동하는 구동 모터이다. 전기차 모드(EV mode)에서는 저속으로 운행할 때 적용되며, 충전된 배터리에서 모터 2로 전기를 공급하여 모터 2로만 차체를 구동시킨다. 기관 시동을 걸기 위해서는 모터 1이 구동하여 시동을 걸어 기관 구동이 된다. HEV mode에서는 기관과 모터 2를 모두 사용하여 차량을 구동시키며, 기관을 통해 회전된 모터 1은 발전기(generator)가 되어 충전을 한다. 회생 제동 모드는 제동 및 감속 시에 모터 2에 의해서만 충전이 되는 작동 메커니즘을 가지고 있다.

동력 분기형은 TOYOTA에서 이미 특허를 확보했기 때문에 각 경쟁사에서는 이를 회피하기 위해 다양한 방식의 하이브리드 자동차 기술을 개발하고 있습니다. 동력 분기형 하이브리드는 TOYOTA Hybrid System(THS) 이라고도 부른다. 그림 4-13은 4세대 토요타 하이브리드 시스템을 나타내고 있다. 토요타와 혼다의 동력 분기형 하이브리드 자동차는 별도의 변속기는 탑재되지 않는다. 토요타 전/후륜형 하이브리드는 PSD라고 불리는 유성 기어

세트+하이브리드 제어 장치인 PCU(Power Control Unit)+2개의 모터가 변속기를 대신해 엔진 속도를 조절하는 방식으로(기어비는 고정), 이것을 토요타에서는 e-CVT라고 부른다.

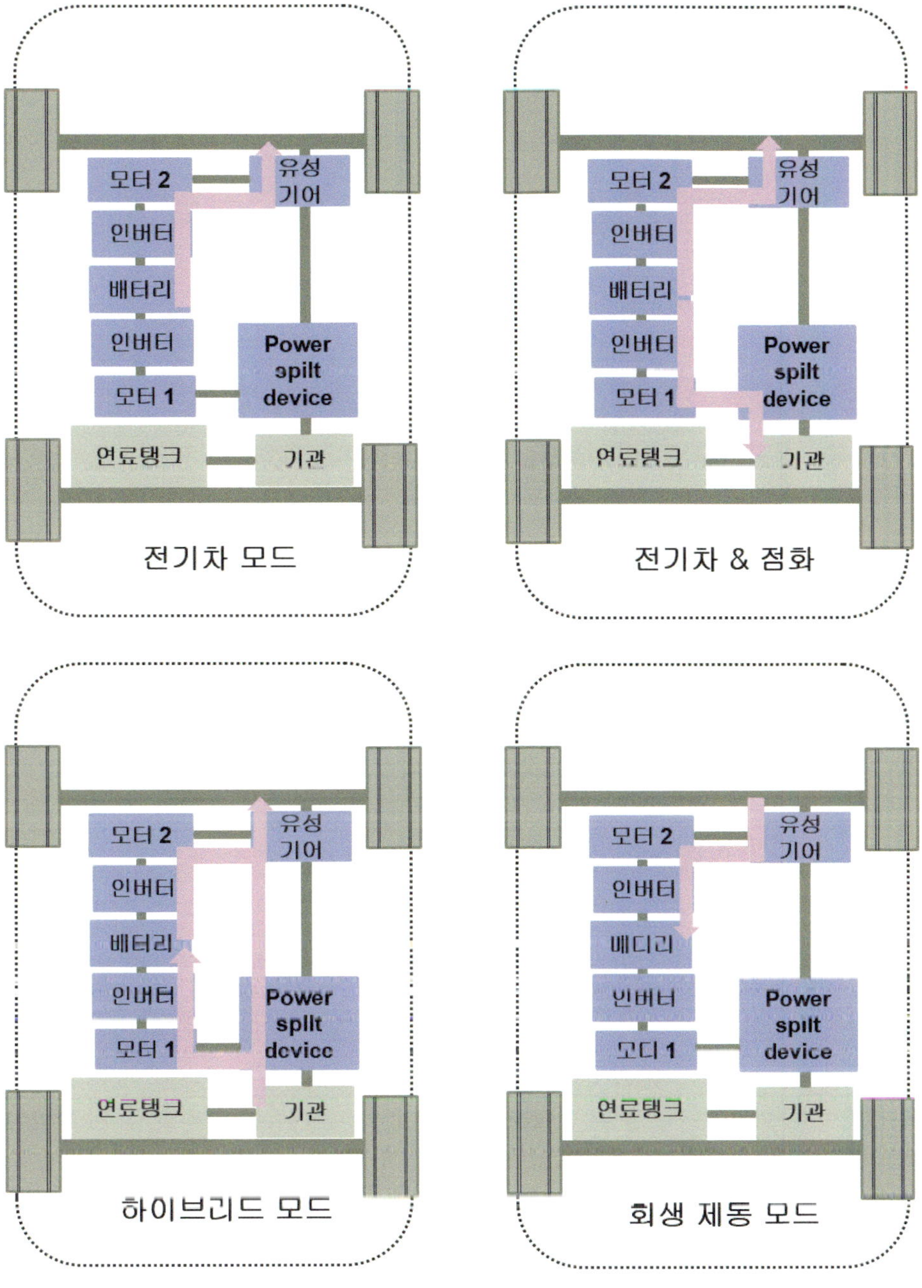

그림 4-12 동기 분기형 하이브리드의 구동 모드[8)]

그림 4-13 4세대 토요타 하이브리드 시스템[7)]

(5) 플러그인 하이브리드(PHEV)

전기에너지와 화석연료 에너지를 공급하여 사용이 가능한 하이브리드 자동차 보다 개선된 형태의 자동차를 PHEV(Plug-in Hybrid Electric Vehicle)라고 하며, 바이퓨얼 구조인 전기자동차이다. 하이브리드 자동차는 내연기관 기반에 전기차 시스템이 가미되어 성능 개선했다고 한다면, PHEV는 전기자동차 기반에 내연기관의 성능을 가미했다고 보면 쉽게 이해가 된다. 하이브리드 자동차는 화석연료 에너지를 공급하는 형태를 띠지만, PHEV는 연료 공급 또는 전기 충전으로 구동이 가능한 특징을 가지고 있다. 중국에서는 전기자동차와 함께 NEV(New Energy Vehicles) 중 하나로 신에너지 차량으로 분류한다.

플러그인 하이브리드 자동차(PHEV)의 형태는 2가지로 구분할 수 있다. 첫 번째는 하이브리드 자동차의 전기 자동차화이다. 기존 하이브리드 자동차에 배터리를 추가적으로 장착하거나, 펌웨어를 트윅하여 EV 주행거리를 더 확보하였다. HEV 차량에 전기 충전구를 추가하며, EV 전용 모드와 HEV 모드를 자유롭게 변경할 수 스위치를 부착하거나, 제어장치를 고도화하여 어떤 모드든 효율적인 주행을 하도록 하게 한다. 두 번째는 전기자동차의 하이브리드 자동차화이다. 기존 전기자동차의 파워 트레인에 항속거리 증가를 위한 발전용 엔진을 추가한 것이다. 기관은 전기만 공급하고 구동은 구동 모터로만 하는 직렬형 하이브리드다. 전기 모터가 내연기관 자동차보다 토크 특성이 좋고, 제어가 쉽기 때문에 1940년대에 에너지 변환 효율이 좋지 않았음에도 초중량 차량에 변속기 대신 궁여지책으로 들어가기도 하였다.

*펌웨어 트윅: 장치 펌웨어의 비공식적인 수정 또는 최적화를 의미한다. 이는 하드웨어의 잠재적인 성능을 끌어내거나, 기본적으로 제공되지 않는 기능을 활성화하거나, 특정 용도에 맞게 설정을 변경하는 등의 목적으로 수행된다. 예를 들어, 그래픽카드나 공유기, 노트북 등의 펌웨어 트윅 사례가 있으며, 순정 펌웨어로는 할 수 없는 설정을 가능하게 함

그림 4-14는 국내 PHEV 자동차를 보여주고 있으며, 하이브리드 전기차(PHEV)는 공통적으로 충전구만 열 경우 주유구를 동시에 열 수 없다. 주유와 충전을 동시에 하게 되면 유증기가 있는 휘발유가 정전기로 인해 화재가 발생할 수 있기 때문에 이를 방지하기 위해서 주유구는 충전구를 닫고 버튼이나 레버로 따로 열어줘야 한다.

그림 4-14 국내 PHEV 차량[10)]

1) EREV

전기에너지 충전 효율 향상을 위하여 주행거리 연장 전기자동차 EREV(Extended Range EV)가 사용되며, 주요 특성은 소형 엔진을 탑재하며 순수 발전용으로만 사용하는 방식이다. 전기차의 구동 방법은 전기 모터가 주요 역할을 하며, 기관은 변속기 없이 배터리에 직결되어 주행 중 에너지를 충전하는 발전기 역할을 한다. 그림 4-15는 EREV 전기자동차의 구조를 개략적으로 보여주고 있다. 일반적으로 하이브리드 자동차와는 다소 차이가 있으며,

REEV(Range-Extended EV, 주행거리 연장 전기차) 또는 EREV(Extended Range EV)라고 한다. '주행거리 연장'이라는 용어가 붙은 이유는 높은 에너지 효율 덕분에 주행가능 거리가 1,000km에 이른다[7].

기관은 가장 발전 효율이 좋은 토크/회전수 대역을 정속으로 회전하므로 부하가 적고 연비가 좋으며 배출가스가 적다는 장점이 있으며, 배터리는 일정 전류와 전압만 유지하며 긴급 시 주유/충전 장소까지 갈 수 있는 버퍼 역할을 한다. 기관은 어느 정도 만드는데 변속기 제작 노하우가 떨어지는 중국 업체들이 주로 이러한 방식의 파워트레인을 많이 만드며, 변속기의 내구성을 신경 쓸 필요가 없기 때문이다. 대한민국에서는 플러그인 하이브리드 자동차로 분류하고, 보조금 혜택도 동일하게 받는다.

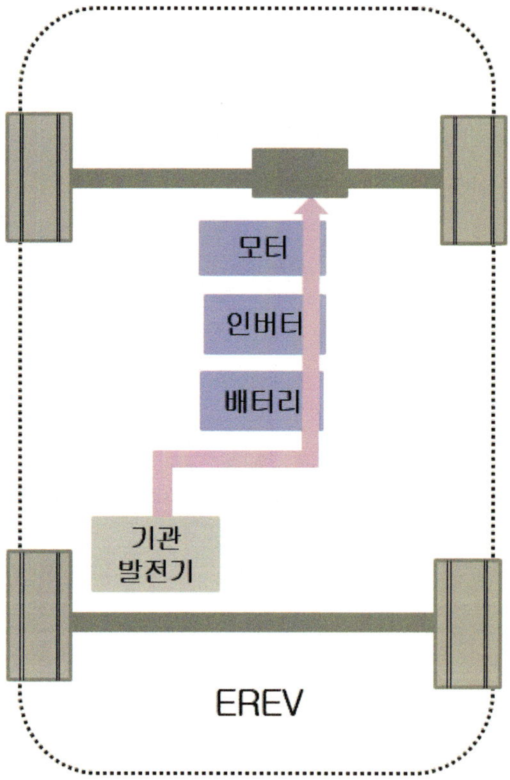

그림 4-15 EREV 차량의 구조도[7]

EREV의 장점은 전기자동차에 비해서는 최대 항속거리가 길며, 전기 충전량이 부족하면 그냥 주유소에서 기름을 채워서 일반 하이브리드 자동차처럼 운행하면 된다. 기관 구동 시의 진동은 어쩔 수 없지만, 화석연료 기반 자동차보다는 평균적으로 적다. 빠른 배터리

교환/충전 기술이 나오기 전에는 전기자동차와 화석연료 자동차의 가교 역할을 하였다.

또한, 일반 하이브리드 자동차에 비해서 전기 충전이 가능하기 때문에 편리하고 연비가 좋다. 장거리 운전 시에는 화석 연료 에너지를 사용하며, 단거리 운전 시에는 전기차 모드를 사용하므로 단점을 보완하고 장점을 높였다. 장거리를 운전이거나 충전소 인프라가 부족한 환경에서 PHEV를 사용한다면 연비와 주행 거리를 최적화 하여 만족시킬 수 있는 장치이다.

PHEV의 단점은 전기에너지와 화석연료 에너지의 두 가지 시스템을 다 탑재하려면 시스템의 구조가 복잡해지고, 탑재 공간이 여의치 않으므로 최고 효율을 나타내는 기관, 발전기 및 변속기를 장착할 수 없다. 가장 큰 단점은 배터리의 용량이다. 기존 내연기관 자동차 구조에서 배터리를 탑재할 용량이 순수 전기자동차에 비해 작다. PHEV의 평균 배터리 용량은 BEV의 1/4에서 1/10밖에 안되며, 보통 전기차가 완충하면 일주일 정도 달릴 수 있는 거리를, PHEV의 전기로만 달리려면 1~2일에 한 번씩은 2시간을 충전해야 한다는 크나큰 문제점이 생긴다. 사실 기술적인 부분을 다 제쳐 놓더라도, 높은 차량 가격이야말로 플러그인 하이브리드의 발목을 잡는 주요 문제점이다. 같은 차종의 일반 하이브리드 대비 천만 원 이상 비싸면서 한두 체급 높은 차종과 가격대가 겹치게 되는데, 단순한 연비나 성능 이득만으로는 플러그인 하이브리드를 구입하기가 꺼려질 수밖에 없다.

□ 학습정리 □

☞ 플러그인 하이브리드 자동차는 전동화 비중이 확대되고 있으며, 최근에는 배터리 연장 전기자동차의 개발과 상용화가 증대되는 상황이며, 자동차에서 소형의 내연기관을 이용해 자체 발전을 통해 EREV의 배터리 에너지 저장에 기여하고 있다.

☞ 스트롱(풀) 하이브리드 시스템은 모터의 배치, 구동 방식, 설계에 따라 병렬형, 직렬형 및 직·병렬형 하이브리드로 구분된다.

☞ 병렬형 하이브리드 자동차의 TMED는 엔진과 분리되어 구동 모터만으로 EV 모드 주행이 가능하여 하드형 하이브리드라고도 하며, FMED는 기관과 상시 맞물려 있기에 구동 모터만으로 주행할 수 없어 소프트형 하이브리드라고 한다.

☞ 직렬형 하이브리드 자동차의 구성은 기관과 인버터(inverter), 구동 모터가 직렬(series)로 연결된 시스템으로 기관은 발전기(generator) 역할만 하며 전기자동차에 배터리 용량을 감소시키는 대신 발전용 기관을 삽입한 구조이다.

☞ 동력 분기형(power-split) 하이브리드 방식은 직렬형과 병렬형을 융합한 시스템으로 모터를 2개를 사용하고 있다. 동력을 분기를 위해 유성 기어를 사용하며, 모터 1은 주로 발전용으로 사용한다. 모터 2는 차량을 구동하는 구동 모터이다. 전기차 모드(EV mode)에서는 저속으로 운행할 때 적용되며, 충전된 배터리에서 모터 2로 전기를 공급하여 모터 2로만 차체를 구동시키다.

☞ 전기에너지와 화석연료 에너지를 공급하여 사용이 가능한 하이브리드 자동차 보다 개선된 형태의 자동차를 PHEV(Plug-in Hybrid Electric Vehicle)라고 하며, 바이퓨얼 구조 전기자동차이다.

☞ 전기에너지 충전 효율 향상을 위하여 주행거리 연장 전기자동차 EREV(Extended Range EV)가 사용되며, 주요 특성은 소형 엔진을 탑재하며 순수 발전용으로만 사용한다. EREV 전기차를 국내에서는 플러그인 하이브리드 자동차로 분류한다.

복습문제

4.1 파워트레인의 전동화 비율에 따른 자동차의 종류를 설명하시오

4.2 풀 하이브리드 자동차의 종류의 작동 메커니즘을 설명하시오

(1) 풀 하이브리드 자동차의 종류의 장단점을 설명

(2) 병렬형 하이브리드 자동차 중 TMED와 FMED을 이해

(3) 동력 분기형 하이브리드 자동차의 구동 모드를 설명

4.3 플러그인 하이브리드(PHEV) 자동차의 작동 메커니즘을 설명하시오

(1) PHEV 자동차의 작동 메커니즘을 설명

(2) PHEV 자동차의 형태를 설명

(2) EREV 자동차의 장단점을 이해

chapter 4 참고문헌

[1] https://www.mk.co.kr/news/business/11373694

[2] https://namu.wiki/w/페르디난트%20포르셰

[3] https://:/ko.wikipedia.org/wiki/로너-포르쉐_믹스테_하이브리드

[4] https://:namu.wiki/w/토요타%20프리우스

[5] 한국자동차모빌리티산업협회(KAMA)

[6] 현대자동차그룹

[7] https://:namu.wiki/w/하이브리드%20자동차

[8]https://m.blog.naver.com/PostView.naver?isHttpsRedirect=true&blogId=lagrange0115&logNo=220712623292

[8] https://namu.wiki/w/BMW%20i3

[9] https://namu.wiki/w/현대%20투싼/4세대

태양광에너지 자동차

CHAPTER 05

학습목표

- 태양광에너지 자동차의 작동 메커니즘을 이해하고 설명할 수 있다.
- 태양광 전지의 작동 원리를 이해하고 적용할 수 있다.
- 태양광전지의 신기술 페로브스카이트의 구조를 이해 할 수 있다.

5.1 태양광에너지 자동차

[1] 태양광에너지 자동차의 작동 메커니즘

(1) 태양광에너지 자동차 개요

공해물질 배출이 전혀 없는 무공해 자동차(zero emission vehicle)는 배터리 충전식 자동차(BEV), 수소연료전지전기차(FCEV), 태양광에너지 자동차가 이에 속한다. ZEV는 HEV 자동차나 수소엔진 자동차에 비해 고효율이며, 공해물질 배출이 전혀 없다. 태양광에서 얻은 동력으로 움직이는 차를 태양광에너지 자동차라고 하며, 지속 가능하고 연료비가 들지 않는 다는 장점이 있으나, 기존 태양광 패널의 낮은 효율로 인해 아직까지는 보조 동력을 제공하는 차원에서 연구 개발하고 있다.

그림 5-1은 태양광에너지 자동차의 주행사진이다. 태양광 에너지원을 충분히 흡수하기 위해서는 태양광 전지의 표면적을 넓게 제작하여 전류 발생을 많게 하여 구동 모터를 작동해야 한다.

그림 5-1 태양광에너지 자동차[1)]

태양광에너지 자동차의 현황을 살펴보면, 자동차용 태양광 발전 기술은 2010년 이후 상용화되기 시작했으며, 단순히 차량 내 전자기기에 전력을 공급하는 것에서 별도 배터리를 장착하지 않고 주행용 배터리에 저장하는 형태로까지 발전하였다. 중국의 하너지, 네덜란드의 라이트이어, 독일의 시온 등에서 태양광에너지 자동차의 상용화 계획을 발표하거나 실행에 옮기기도 했으나, 기존의 태양광 패널의 에너지 효율이 낮다는 점이 문제점으로 지목되었다. 테슬라도 자사의 전기차에 태양광 패널을 장착하는 것이 비경제적이라고 판단해 포기한 바 있으며, 자동차에 장착하는 태양광 패널은 자동차의 주동력이 아니라 보조동력으로 활용되는데 이를 솔라시스템(solar charged system)이라 부른다. 전기차의 배터리를 충전하거나, 내연기관 자동차의 작동을 돕는 형태로 보조동력으로 사용되는 것이며, 내연기관 자동차의 경우 연비를 향상시키고 탄소 규제에 대응하며 연료비를 절감하고자 하는 측면에서 적용되고 있다.

그림 5-2는 포드사에서 개발한 태양광 자동차를 보여주고 있다. 태양광 자동차의 장점으로는 태양광 기술도 빠르게 발전하고 있으며 태양광 패널의 무게가 감소하고, 발전 효율이 향상된다면 자동차 산업에 있어서 선택지가 될 수 있다. 그러나 날씨의 영향을 무시할 수 없지만 햇빛이 좋을 때 충분하게 충전되면, 어느 정도의 주행하는데 충분한 전력을 확보할 수 있다. 전기를 생산하는 과정에서 단 1g의 탄소도 배출하지 않기 때문에 친환경이며, 전기차의 다음 세대는 태양광에너지 자동차가 될 가능성이 대단히 높다. 충전기나

충전소가 필요 하지도 않고, 심지어 충전 비용도 없으니 차세대 꿈의 자동차라고 해도 과언이 아니며, 전기차가 많은 시간이 지난 후에 소비자에게 사랑을 받듯이 '태양광에너지 자동차' 시대도 곧 도래하므로 관련 기술은 습득이 중요하다.

그림 5-2 완성차에서 개발한 태양광에너지 자동차[2)]

(2) 태양광에너지 자동차의 작동 메커니즘

그림 5-3은 태양광 전지(물리전지)의 작동 메커니즘을 나타내고 있다. 태양광 전지는 빛에너지를 전기에너지로 변환시키는 장치(셀→모듈→어레이)이다. 양전지에 빛을 비추면 내부에서 전자와 양공(정공)이 발생한다. 발생된 전하들은 각각 P극과 N극으로 이동하는데, 이 작용에 의해 P극 N극 사이에 전위차(광기전력)가 발생하며, 이때 태양전지에 부하를 연결하면 전류가 흐르는 원리이다.

그림 5-4는 태양광에너지 자동차의 작동 메커니즘을 개략적으로 나타내고 있다. 태양광 패널에서 태양광 전지의 광전효과로 DC 전류가 발생한다. 태양광 패널과 연결되어 있는 전력 추적기(power tracker)는 태양광 패널이 태양을 따라 움직이며 발전 효율을 높이는 장치이며, 패널을 자동 또는 수동으로 기울이거나 움직여 최적의 일사량을 받도록 한다. 전력 추적기와 연결된 battery의 전원은 motor controller를 통하여 구동 모터를 작동시켜서 태양광에너지 자동차는 주행한다.

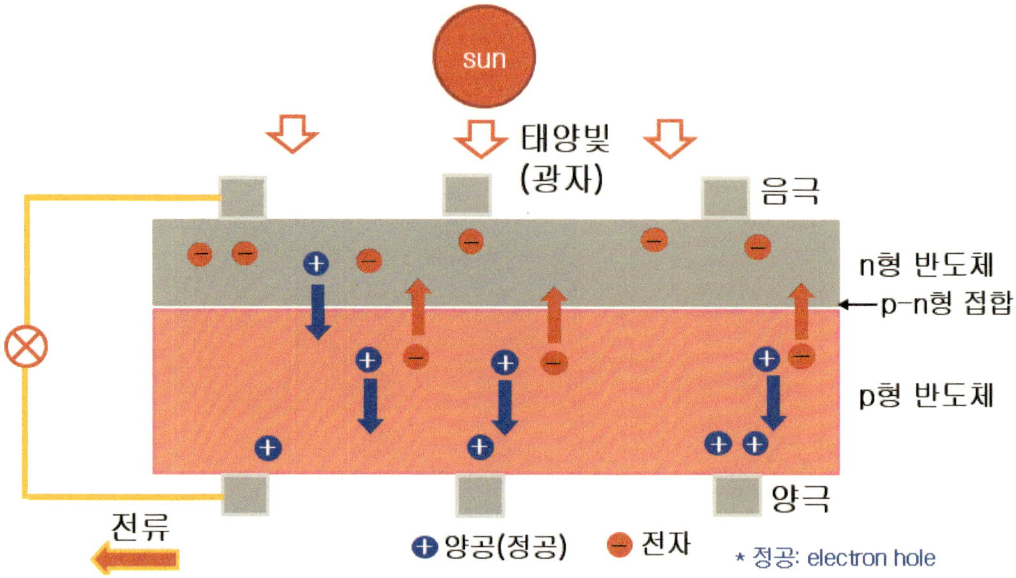

그림 5-3 태양광 전지의 작동 메커니즘

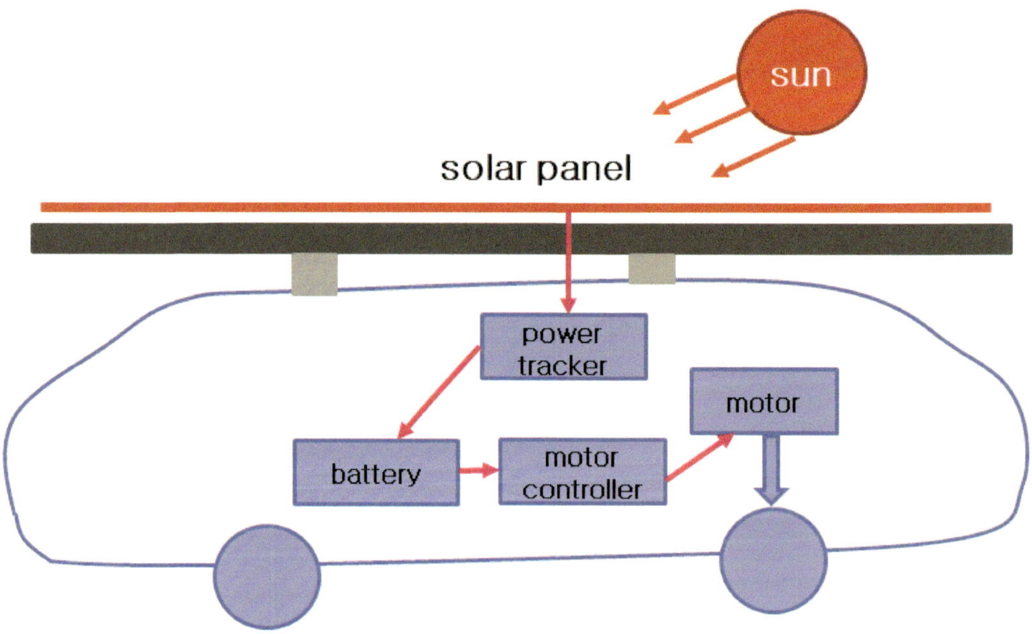

그림 5-4 태양광에너지 자동차의 작동 메커니즘

[2] 태양광전지 신기술

(1) 태양광전지의 페로브스카이드 구조

그림 5-5는 태양광전지에 최근에 적용되는 신기술 페로브스카이트 구조를 나타내고 있다. 페로브스카이트의 구조 특징은, 산화칼슘타이타늄($CaTiO_3$) 광물의 특수한 ABX3 결정구조를 명명하며, ABX3 구조를 지닌 유무기복합체를 통상적으로 이른다. 우수한 전기적, 광학적 특성으로 빛을 전기로 변환시키며, 광전 효율이 높아 발전 효율이 40%를 상회하므로 패널 공정비용이나 소재 및 생산단가가 낮다.

그림 5-6는 신기술 페로브스카이드 셀이 적용된 태양광 전지를 보여주고 있다. 기존 실리콘 셀 태양전지의 대안으로 개발되어 단파장 빛을 흡수할 수 있는 층을 가지고 있어서 장점이 많은 차세대 태양전지이다. 지속적인 태양전지의 연구 개발과 신뢰성을 통하여 전력효율이 개선된다면 태양광에너지 자동차의 활용도는 커지고 시장에서 수요는 증가하리라 본다.

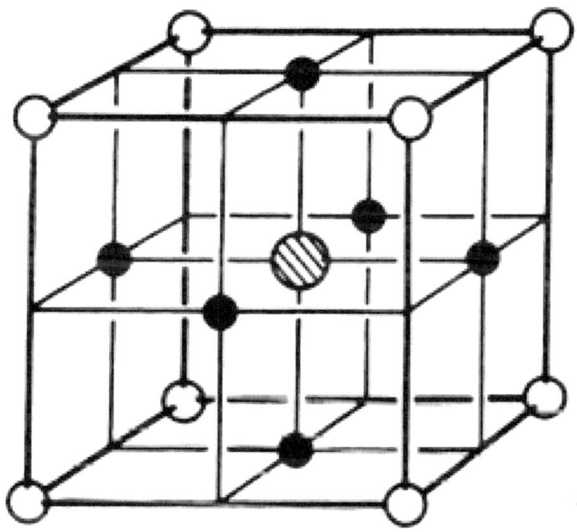

그림 5-5 페로브스카이트 구조

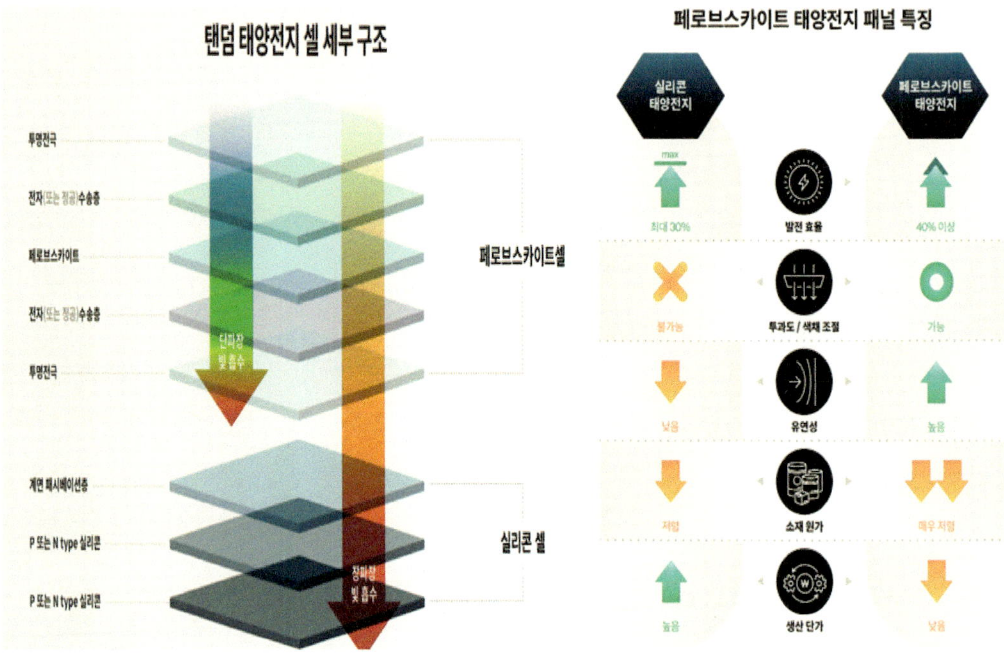

그림 5–6 페로브스카이트 셀 적용 신기술 태양전지[3)]

◻ 학습정리 ◻

☞ 태양광전지는 빛에너지를 전기에너지로 변환시키는 장치(셀→모듈→어레이)이다. 태양전지에 빛을 비추면 내부에서 전자와 양공(정공)이 발생하며, 발생된 전하들은 각각 P극과 N극으로 이동하는데, 이 작용에 의해 P극 N극 사이에 전위차(광기전력)가 발생하며, 이때 태양전지에 부하를 연결하면 전류가 흐른다.

☞ 태양광 패널에서 태양광 전지의 광전효과로 DC 전류가 발생한다. 태양광 패널과 연결되어 있는 전력 추적기(power tracker)는 태양광 패널이 태양을 따라 움직이며 발전 효율을 높이는 장치이며, 패널을 자동 또는 수동으로 기울이거나 움직여 최적의 일사량을 받도록 한다.

☞ 신기술 페로브스카이드 셀이 적용된 태양광 전지는 기존 실리콘 셀 태양전지의 대안으로 개발되어 단파장 빛을 흡수할 수 있는 층을 가지고 있어서 장점이 많은 차세대 태양전지이다.

복습문제

5.1 태양광에너지 자동차의 장단점을 설명하시오

(1) 태양광에너지 자동차의 정의

(2) 태양광에너지 자동차의 장단점을 설명

5.1 태양광에너지 자동차의 작동 메커니즘을 설명하시오

(1) 태양광 전지의 작동하는 개념

(2) 태양광에너지 자동차의 작동 메커니즘을 설명

5.2 태양광 전지의 신기술 페로브스카이트 구조를 설명하시오

(1) 페로브스카이트의 구조의 이해

(2) 페로브스카이트의 셀 적용 신기술 태양전지의 장점을 설명

chapter 5 참고문헌

[1] SolarCarTokaiChallenger-태양광자동차-위키백과,우리모두의백과사전(wikipedia.org)

[2] https://www.ford.com

[3] https://www.hyundai.co.kr/story/CONT0000000000098758

그린에너지공학

초 판 인 쇄 | 2025년 12월 10일
초 판 발 행 | 2025년 12월 18일

저 자 | 서충길
발 행 인 | 이성범
발 행 처 | 문운당
주 소 | 서울시 종로구 혜화로5길 16 (명륜1가 45-3)
전 화 | (02)762-6010
팩 스 | 영업 (02)745-0265 / 편집 (02)762-8758
이 메 일 | 영업 munun2@daum.net
편집 mununcang@naver.com
홈페이지 | http://mundang.co.kr

ISBN 979-11-5692-828-7 93550

정가 20,000원